茶文化

张 柏 主编

中国文史出版社
CHINA CULTURAL AND HISTORICAL PRESS

图书在版编目（CIP）数据

茶文化 / 张柏主编. --北京 ： 中国文史出版社，
2019.8

（图说中华优秀传统文化丛书）

ISBN 978-7-5205-1775-1

Ⅰ．①茶… Ⅱ．①张… Ⅲ．①茶文化－中国 Ⅳ.
①TS971.21

中国版本图书馆CIP数据核字(2019)第270164号

责任编辑：秦千里

出版发行： 中国文史出版社

社　　址： 北京市海淀区西八里庄69号院

邮　　编： 100142

电　　话： 010-81136606　81136602　81136603（发行部）

传　　真： 010-81136655

印　　装： 廊坊市海涛印刷有限公司

开　　本： 16开

印　　张： 14

字　　数： 225千字

图　　幅： 275幅

版　　次： 2020年1月第1版

印　　次： 2020年1月第1次印刷

定　　价： 98.00元

编者的话

　　中华民族有五千年的历史，留下了许多优秀的文化遗产。

　　作为出版者，我们应承担起传播中华优秀传统文化的责任，为此，我们组织强大的团队，聘请大量专业人员，编写了这套"图说中华优秀传统文化丛书"。丛书共10册，分别为《瓷器文化》《玉器文化》《书法文化》《绘画文化》《钱币文化》《家具文化》《名石文化》《沉香文化》《珠宝文化》《茶文化》。

　　从2015年下半年图书选题立项，到如此"大块头"的丛书完成，历时4年多。

　　如何创新性地传播中华优秀传统文化，是我们最先思考的问题。以往讲述传统文化，大多不离"四书五经""诸子百家"等高堂讲章。经过反复论证，我们决定从瓷器、玉器、书法、绘画、钱币等10个专题入手，讲述它们的起源、发展历程和时代特征等内容。这10个专题都是从中华传统文化这一"母体"中孕育出来的"子文化"，历史悠久，艺术魅力独特，具有鲜明的中华民族文化印记。10个子文化横向联结起来，每个历史发展阶段的特征也就鲜明、形象起来了，管窥中华优秀传统文化的目的也就达到了。

　　聘请专家撰写文字内容这一环节是丛书的重中之重。编辑们动用20多年来积累的作者资源，或打电话，或直接登门拜访，跟专家联系，确认撰稿事宜。这一工作得到专家们的热心支持，但部分专家确实手头有工作要做，不能分心，不得不放弃。待所有的专家联系到位后，时间已过去半年多。

　　专家们均是相关专题文化领域的权威，可以保证内容的科学性、准确性。但要让读者满意，这还远远不够，必须内容言之有物、行文生动易懂。为此，编辑人员与相关专家进行了多轮面对面的交流与沟通，反复讨论撰稿的体例架构、内容重点、行文风格等。双方交流有时候在办公室，有时候则在专家家里。有些专家每天的日程安排非常紧凑，只有晚上有空闲时间，为此编辑人员不得不在晚上登门讨论。一本书稿完工，少则一年多，多则两三年，专家和编辑人员都倾注了大量的时间和心血。

同时，为了顺应读图时代的需求，让读者"看到"历史，我们邀请30多位业内资深的摄影师，历时2年多，足迹遍及大半个中国，拍摄并收集了近2万张图片；又反复筛选其精美者近4000幅收录到本丛书中，每册书少则插图二三百幅，多则500多幅。为了更好地展示图片质感和艺术效果，10多位设计人员又花费了大半年的时间给图片做了精细化处理，从而使图片与文字更完美地结合，让看似抽象的文化在读者眼中有了质感和真实感，减少了因年代久远带来的陌生与隔阂，真正地与中华传统文化亲密接触。全书完稿后，15位专业编辑、8位专业校对人员又对全部书稿进行了反反复复的编辑加工和校对，从而保证了书稿的高质量呈现！

以上所有的努力和付出都是值得的。这不仅是作为参编者的我们对工作认真负责的体现，也是我们对读者认真负责的体现，更是对中华优秀传统文化传承和传播不懈努力的体现。

在此，要感谢对本丛书的编辑和出版给予关心和支持的所有朋友，特别感谢全国工商联全联民间文物艺术品商会及其所属分支机构所有会员的大力支持，他们提供了大量精美图片。

厚重浩繁的中华优秀传统文化穿越几千年的岁月沧桑，绵延至今而不衰，有赖于古今无数有识之士的发掘和传承。文明的薪火世代相传，永不熄灭。

丛书序言

很高兴参与"图说中华优秀传统文化丛书"的编辑、出版工作。出版过程是漫长的，但对于我来说，只有兴奋，没有厌烦与抱怨，因为这毕竟是自己一直喜欢做的事情！文化是一个国家、一个民族的精神家园，体现着一个国家、一个民族的价值取向、道德规范、思想风貌及行为特征。中华民族有五千年的历史，留下了许多优秀的文化遗产。中华民族文化源远流长，是世界艺术宝库中的璀璨明珠，是中华民族的独特标识，是我们中华民族的血脉。

参与出版的过程，也是我学习和思考的过程。我对中国传统文化有几点小感悟，现拿出来与大家分享一下。

第一点：传统文化离我们很近，又离我们很远！

我们作为华夏子孙，生在中国，长在中国。五千年的传统文化，潜移默化地滋养了我们一代又一代，给每个人的骨子里都烙上了鲜明的民族烙印——中国人追求仁爱、诚信、正义、和合等核心思想理念，信奉自强不息、扶危济困、见义勇为、孝老爱亲等美德，主张求同存异、文以载道、俭约自守等人文精神。所以，传统文化离我们很近，它随时随地守候在我们身边，与我们生活在一起。

可是，如果让我们详细说一说中国传统文化，很多人马上就想到"四书五经""诸子百家"等典籍，"仁义礼智信"等道德行为准则，但又说不出个子丑寅卯来，往往感觉"书到用时方恨少"。这就是传统文化离我们很远——多数中国人所知道的传统文化只是片断式的，不系统，我们与它有一定的距离，是既熟悉又陌生的"朋友"。

第二点：中国传统文化的外延很广。

我们还需要明白，中国传统文化外延很广，内容极其丰富。除了"四书五经""诸子百家"等典籍和儒释道三教，还有艺术、科技、饮食、衣饰、建筑、耕作、制造等诸多内容，每项内容都有数千年的时间积淀，有着悠久的历史成色，值得我们深入考察与学习。

第三点：对中国传统优秀文化要有自信！

中华民族在近代遭受了种种磨难，鸦片战争、八国联军侵华、日本侵略等，给中国人带来巨大的肉体及精神创伤。有不少国人对自己国家的文化，对自己的民族失去了自信。一种声音出现了：西方全面领先中国，我们的文化不行了；中国落后的原因就在于传统文化，要强盛就要抛弃那些旧东西。

一些国人之所以有如此想法，根本原因在于没有正确认知中国的传统文化。中国五千年的历史文化，集聚了多少代人的智慧，远不是一些只有几百年历史的国家可比的。中国的经济、科技、文化等，曾经领先世界其他国家20多个世纪，而且形成了"中华文化圈"，日本、韩国、越南等国家都普遍受到影响。中国人如果还没有文化自信，还有哪国人应该有文化自信？听听著名学者季羡林怎么说的："中国从本质上说是一个文化大国，最有可能对人类文明作出贡献的是中国文化，21世纪将是中国文化的世纪。"

第四点：为何学习中国优秀传统文化？

中华传统文化是数千年来老祖宗留下来的经验和智慧结晶，它来源于生活和社会，必然服务于生活和社会。对于个人来说，学习传统文化有助于树立正确的人生观、价值观，约束人性中的浮躁、贪婪、虚伪、险恶，做一个对国家、对社会、对家庭有用的人。

21世纪是竞争的世纪，是中华民族复兴的世纪。一个国家的富强，除了政治和经济，文化也是一个重要的方面。民族的复兴，首先是文化的复兴。"求木之长者，必固其根本；欲流之远者，必浚其泉源。"中华优秀传统文化是中华民族的精神命脉，是我们在激荡的世界中站稳脚跟的坚实根基。让我们守望它，传播它，践行它！

张柏／

1949年生人。毕业于北京大学考古专业。曾任联合国教科文组织国际古迹遗址理事会执委、中国文物古迹保护协会理事长、世界博物馆协会亚太地区联盟主席、中国博物馆协会理事长、中国文物保护基金会理事长、国家文博专业学位委员会委员、国家文物局原副局长、全国政协第十一届委员。

主持、主编、合著、自著的论文、专著和其他方面的著作有《全国重点文物保护单位》《明清陶瓷》《中国古代陶瓷文饰》《新中国出土墓志》《中国文物地图集》《东北边疆重镇宁古塔》《三峡文物与文物保护》《中国文物古迹保护准则》《中国出土瓷器全集》《中国古建行业年鉴》等。《中国文物古迹保护准则》荣获全国文物科研一等奖，《中国出土瓷器全集》荣获全国优秀作者奖。

目录

第四章

中国名茶

第五章

中国茶道

第一章
中国茶文化概述

一
茶的起源

1 | "神树"茶的发现

茶树

茶树这种植物在地球上已经有数千万年的历史，然而茶叶被人们发现和利用，只不过是四五千年以前的事。在原始社会时期，没有发明文字，人类活动和经验只能依靠口和耳代代相传。我国最早的字书《尔雅·释木》（成书于秦汉年间，约公元前200年）中就有"槚，苦荼"之说。经考证，"荼"即是现今"茶"的古名字。东晋常璩所撰《华阳国志》一书多处谈到茶事，如《华阳国志·巴志》中记述："周武王伐纣，实得巴蜀之师，著乎《尚书》……丹、漆、茶、蜜……皆纳贡之。"周武王率领南方八国伐纣是在公元前1066年，这说明早在3000多年以前，巴蜀一带已用当地所产茶叶作贡品了。用文字记录人类活动，往往滞后于事实本身很长一段时间，因此可以推断，早在3000多年前，我国云贵高原的川、滇、黔相邻地带已经开始了茶叶的栽培和加工。迄今为止，世界上还未见有国家比我国更早发现和记载茶，我国是最早种植和饮用茶的国家。

茶圣陆羽

（1）茶原产自中国西南部

自古以来，许多书籍记载了我国西南地区有大茶树。唐代陆羽《茶经》中称："茶者，南方之嘉木也，一尺，二尺乃至数十尺。其巴山峡川有两人合抱者，伐而掇之。"宋代太平兴国年间的《太平寰宇记》中说："泸州（今四川南部）有茶树，夷人常携瓢攀登采茶。"北宋沈括《梦溪笔谈·杂志二》中曾谈到"建茶皆乔木"。明代《云南大理府志》中记载："点苍山……产茶，树高一丈。"解放后，考察发现的大茶树就更多了。据统计，在云、贵、川等省的200多处都有大茶树，甚至有

老班章古茶树

的地区是成片分布的，如云南省思茅地区镇源县千家寨的古茶林群落，面积达数千亩之多。云南省勐海巴达大黑山有一棵大茶树，树高达32.12米，胸围2.9米，树龄估计在1700年以上，是迄今发现的树龄最老的野生茶树。位于勐海县南糯山麓，被称为"茶树王"的栽培型大茶树的树龄也有800多年。最近在澜沧县邦威发现的一株过渡型茶树王，树龄约有1000年。这三棵不同类型的茶树王作为茶树起源地最好的历史见证，已被列为国家重点保护树种，供国内外学者参观研究。

有没有野生茶树固然是研究茶树原产地的一大根据，但如果从茶树栽培历史的发展、亲缘植物的分布、植物体化学成分等多方面综合判断，就能得出更有说服力的结论。从茶树的亲缘植物分布来看，山茶是茶树种群最接近的植物。全世界山茶科植物23属，380余种，除其中10属产于南美洲外，其余各属均产于亚洲热带和温带。我国有15个属，260余种，大多分布在云南、贵州和四川一带。云南省是山茶科山茶属植物分布最集中的地方，其中的大理山茶、怒江山茶、云南大花茶等都很著名，有"山茶甲天下"之称。如果从古地理、古气候、古生物学的角度来看，自第4世纪以来，全世界经历过几次冰河期，对所有植物造成极大的灾害。根据我国西南地区冰川堆积物分布情况来看，云南受到冰河期的灾害不大，所以在云南原生的大叶种茶树没有受到严重的影

茶园

响，保存最多。大头茶、木荷、枪木、厚皮香、石笔木等茶树的近缘植物在森林中也随处可见。因此可以推断，云南是茶树原产地的中心地带。近年来，一些科学家用生物化学的方法进一步研究了茶树的原始类型，发现云南茶树品种的叶子所含儿茶素比较接近茶树幼苗期儿茶素的类型。这说明云南茶树芽叶的新陈代谢类型比其他品种的茶树简单，因而更有理由断定，云南茶树是现今所有茶树中最为古老的原始类型。综合上述事实，我们认为茶树原产自中国西南部，云南则是茶树原产地的中心地带。

（2）神农尝百草发现了茶

茶可以作为饮料是中国人的一项重大发现。它的利用历史和药用植物一样久远。大概在采集和渔猎的时代，古人类在尝百草的过程中发现了它。它的利用，可能经过了由食用到药用，再到饮用的几个不同阶段。《神农本草经》有"神农尝百草，日遇七十二毒，得茶而解之"的说法。在5000多年前，民间传说有位最早发明农业、医药，被后人称为"神农氏"的人，为了解除民众的病痛，遍尝百草，寻找能治病的植物。有一次，他先后尝了72种毒草，毒气聚腹，五脏若焚，四肢麻木，便躺倒在一棵树下。忽然，

神农祭坛

一阵凉风吹过，一片树叶落入口中，清香甜醇，他的精神为之一振，便将树上嫩枝叶采下再咀嚼，毒气遂退去，全身舒适轻松。神农氏认定此种树叶为治病良药，称它为"茶"。从此，茶就在世间代代相传。据说茶由药用发展为药饮并用，也是由神农氏经过多次品饮，反复检查，才认定并传于后世。

春芽

2 | 茶字的演变和形成

　　秦代以前，中国的文字还不统一，因此茶的名称五花八门。据"茶圣"陆羽所著《茶经》记载：唐代以前茶有"茶、槚、蔎、茗、荈"等名称。自《茶经》问世以后，正式将"荼"字减去一横，称之为"茶"。可见茶字的定形至今已有1200余年的历史。

　　茶起源于中国，却流行全世界。如今世界各国的"茶"字的读音，也都是从中国直接或间接传入的。一般而言，"茶"字的读音可分两大体系，一是普通话语音：茶——"CHA"；二是福建厦门地方语"退"音——"TEY"。两种语音在对外传播时间上，有先有后，先为"茶"音，后为"退"音。"CHA"音传往中国周边四

《茶经》书影

邻的国家。如东邻日本，直接使用汉字"茶"；西邻古波斯语"CHA"，土耳其语"CHAY"，葡萄牙语"CIIA"；北邻俄语"чай"；南邻印度、斯里兰卡、巴基斯坦、孟加拉的僧伽罗语也叫"CHA"。明末清初，西方远洋船队由厦门等地方语得知茶称为"退"，随译成英语"TEE"，拉丁文"THEA"，后来英语拼成"TEA"。至于法语系的"THE"，德语系的

茶叶

"TEE"，西班牙语的"TE"，都是由厦门语的"退"音和英语的译音演变而成。

3 ｜ 中国的茶区和茶叶分类

从古至今，随着茶叶逐渐演变为中华民族的国饮，茶叶的种植和加工也不断发展。目前，我国的茶区分布极为广阔，茶园遍及近千个县市。我国的茶叶，种类众多，风味独特，任何产茶国家都无法比拟。

（1）中国四大茶区

目前，中国的茶园面积约有270万公顷。茶树生长的区域分布辽阔，东起东经122°的台湾省东部海岸，西至东经95°的西藏自治区易贡，南自北纬18°的海南岛榆林，北到北纬37°的山东省荣城县，东西跨经度27°，南北跨纬度19°。共有21个省区967个县、市生产茶叶。总的来看，全国可分为西南茶区、华南茶区、江南茶区和江北茶区四大茶区。

① 西南茶区

西南茶区位于中国西南部，包括云南、贵州、四川三省以及西藏东南部，是中国最古老的茶区。此区茶树品种资源丰富，盛产红茶、绿茶、沱茶、紧压茶和普洱茶等，是中国发展大叶种红碎茶的主要基地之一。

云贵高原为茶树原产地的中心地带。此高原地形复杂，有些同纬度地区海拔高低悬殊，气候差别很大，大部分地区均属亚热带季风气候，冬不寒冷，夏不炎热。土壤状况也比较适合茶树生长，贵州、四川和西藏东南部以黄壤为主，有少量棕壤，云南主要为赤红壤和山地红壤，土壤有机质含量比其他茶区丰富。

② 华南茶区

华南茶区位于中国南部，包括广东、广西、福建、台湾、海南等省（区），是中国最适宜茶树生长的地区。有乔木、小乔木、灌木等各种类型的茶树品种，茶资源极为丰富，生产乌龙茶、花茶、红茶、白茶和六堡茶等，所产大叶种红碎茶的茶汤浓度较大。

除闽北、粤北和桂北等少数地区外，大部分地区的年平均气温为19～22℃，最低月份（一月）平均气温为7～14℃，茶年生长期10个月以上，年降水量是中国茶区之最，一般为1200～2000毫米。其中，台湾省雨量特别充沛，年降水量常超过2000毫米。茶区土壤以砖红壤为主，部分地区也有红壤和黄壤分布，土层深厚，有机质含量丰富。

春茶

③ 江南茶区

江南茶区分布于中国长江中下游南部，包括浙江、湖南、江西等省和皖南、苏南、鄂南等地区，是中国茶叶主要产区，年产量约占全国总产量的2/3。生产的主要茶类有绿茶、红茶、黑茶、花茶以及品质各异的特种名茶，诸如西湖龙井、黄山毛峰、君山银针、庐山云雾、洞庭碧螺春等。

江南茶区的茶园主要分布在丘陵地带，少数在海拔较高的山区。这些地区气候四季分明，年平均气温为15～18℃，冬季气温一般在零下8℃。年降水量1400～1600毫米，秋季干旱，春夏季雨水最多，占全年降水量的60％～80％。茶区土壤主要为红壤，部分为黄壤或棕壤，少数为冲积壤。

④ 江北茶区

江北茶分布于长江中下游北岸，包括河南、陕西、甘肃、山东等省和皖北、苏北、鄂北等地区。江北茶区主要生产绿茶。茶区年平均气温为15～16℃，冬季绝对最低气温一般为零下10℃左右。年降水量为700～1000毫米，量少且分布不匀，常常使茶树遭受干旱。茶区土壤是中国南北土壤的过渡类型，多为黄棕壤或棕壤。但少数山区有良好的微域气候，故茶的质量亦不亚于其他茶区，如六安瓜片、汉中仙毫、信阳毛尖等。

（2）茶叶的分类

我国茶叶的分类方式有多种，如按产地分，有祁红、滇红、屯绿、婺绿等；按采茶季节分，有春茶、夏茶、秋茶等；按制作工艺分，有炒青绿茶、烘青绿茶、蒸青绿茶等；按销售方向分，有内销茶、边销茶、外销茶等；按茶叶品质分，有高档茶、中档茶、低档茶等。

目前，我国比较通用的分类方法是根据鲜叶加工方法的不同，再结合成品茶的品质特点，将茶分为红茶、绿茶、乌龙茶、黄茶、白茶、黑茶六大类。

绿茶类名茶：如龙井茶、碧螺春、蒙顶茶、庐山云雾、太平猴魁、君山银针、顾渚紫笋、信阳毛尖、黄山毛峰、六安瓜片、平水珠、西山茶、雁荡毛峰、华顶云雾、涌溪火青、敬亭绿雪、惠明茶、都匀毛尖、恩施玉露、婺源茗眉、雨花茶、莫干黄芽、普陀佛茶。

红茶类名茶：如祁红、滇红、英红。上述三种，素有"中国红茶三颗明珠"之誉。

乌龙类名茶：如武夷岩茶、安溪铁观音、凤凰单枞、台湾乌龙。前三种茶叶是乌龙茶中的极品。

白茶类名茶：如白毫银针、白牡丹。

花茶类名茶：如福州茉莉烘青、杭州茉莉烘青、苏州茉莉烘青。

紧压类名茶：如普洱茶、六堡茶。

另外，花茶、砖茶、速溶茶等茶，则属于加工茶之列。

4 | 茶饮之风的形成

纵观历史，茶叶的发现和利用对中国乃至整个世界都产生了广泛的影响，它几乎深入到了人们的物质和精神生活的各个方面，见证了中华民族五千年的文明史，也为提升全世界人民的物质和精神生活做出了贡献。

七彩云南茶庄园紫娟基地

（1）饮茶之始

现在，茶学和医学专家一致认为茶是生津解渴的饮料，也是一种含有丰富的营养作用和药理功能的保健饮品。从茶的发展过程看，我们就可以发现茶的用途多种多样，既可作为治病的良药，也可作为佐餐的菜肴，还当过祭天祀神的供物等。当茶成为商品之后，曾作为"飞钱"货币，也曾作为中原与边疆"以茶易马"的交易品，还当过边疆官吏的"饷银"等。茶逐渐成为人们日常生活不可缺少的饮料。

一般认为，我们的祖先最早仅仅把茶作为一种治病的药物，他们从野生的茶树上采下嫩枝，先是生嚼，后来发展成加水煎煮饮汤汁，即"粥茶法"。这种煎煮而成的茶汤，必然苦涩如药，因此，那时人们把茶称之为"苦茶"。后来，先人们不断实践，发现茶不仅是一种防治疾病的药物，还是一种生津止渴的饮料，于是开始种茶、制茶，逐渐养成了饮茶的风俗习惯。

（2）饮茶的普及和饮茶方式的演变

春秋战国时期，人们开始把茶叶作为饮料，秦汉时代，饮茶之风逐渐传播开来，到三国时，不但上层人士喜欢饮茶，文人也喜欢以茶会友。当时的饮茶方式，摒弃了原始粥茶法，发展为半制半饮的饮茶法。三国（魏）张揖所撰的《广雅》就有记载："荆巴间采叶作饼，叶老者，饼成，以米膏出之。欲煮茗饮，先炙令色赤，捣末置瓷器中，以汤浇覆之，用葱、姜、橘子芼之。"这就是说，此时饮茶已由用生叶煮作羹饮，发展到先将做好的茶饼灼成"赤色"，再打碎成末，过筛入壶煎煮，加上调料，然后煮透饮用。

南北朝时期，随着佛教的兴起，僧侣提倡坐禅饮茶，以驱除睡意，利于清心修行，从而使饮茶之风日益盛行。当时，上层统治者把饮茶作为一种高尚的生活享受，文人墨客则习惯于以茶益思助文，品茶消遣。但当时北方的北魏仍把饮茶看作是奇风异俗，虽在"朝贵宴会"时"设有茗饮"，但"皆耻不复食"。只有南方的人才喜欢饮茶，说明当时北方饮茶之风尚未形成。

隋唐时期，茶叶已从上层阶级传播到民间，饮茶之风开始遍及全国，而且由中原传向其他地方，如新疆、西藏等地。游牧民族在知道了饮茶对食用奶、肉有助消化的特殊作用以后，也视茶为珍品，把茶看作是最好的饮料。

随着饮茶之风的盛行，唐代时期的饮茶方式有了更进一步的发展，出现了茶道、茶宴、茶会等诸多的饮茶形式。据唐代封演写的《封氏闻见记》记载：当时"茶道大行，王公朝士无不饮者"。世界上第一次出现的"茶道"一词，现今不少人误认为出自日本，其实最早出现于中国。1987年陕西扶风县法门寺地宫出土的1100多年前的唐僖宗供奉的宫廷使用的金银器茶具，是迄今世界上发现最早、保存最完整，而史料又未曾作过记载的珍贵历史文物，它让人们深入了解了唐代皇宫豪华的饮茶器具和饮茶方式。

宋代饮茶之风更加盛行。北宋蔡绦在《铁围山丛谈》道："茶之尚，盖自唐人始，至本朝为盛。而本朝又至祐陵（即宋徽宗）时益穷极新出，而无以加矣。"宋徽宗赵佶也不无得意地说：宋代茶叶"采择之精，制作之工，品第之胜，烹点之妙，莫不盛造其极"。可见宋代对茶叶的采制、品饮都十分讲究。而当时斗茶之风的盛行，又是宋代饮茶风气盛行的集中表现。

斗茶，也称茗战，是比赛茶叶优劣的一种聚会方式。关于如何斗茶，《大观茶论》作了详细的记述，如在斗茶之前，先要鉴别饼茶的质量，要求"色莹澈而不驳，质缜绎而不浮，举之凝结，碾之则铿然，可验其为精品也"。就是说，要求饼茶的外层色泽光莹而不驳杂，质地紧密，重实干燥。斗茶时，要将饼茶碾碎，过罗（筛）取其细末，入茶盏调成膏。同时，用瓶煮沸水，把茶盏加热，调好茶膏后，就是"点茶"和"击沸"。所谓点茶，就是把瓶里的沸水注入茶盏。点水时要喷泻而入，水量适中，不能断断续续。而"击沸"，就是一边转动茶盏，一边用特制的茶筅（形似小扫把的调茶工具）搅动茶汤，使盏中泛起"汤花"。如此不断地运筅、击沸、泛花，使斗茶进入美妙境地。接着就是鉴评，先看茶盏内表层汤花的色泽和均匀程度，凡色白有光泽，且均匀一致，汤花保持时间久者为上品；而汤花隐散，茶盏内沿出现"水痕"的为下品。最后，还要品尝汤花，比较茶汤的色、香、味，从而决出胜负。

雪夜访普图

宋代连皇帝也为茶叶著书立说，大谈斗茶之道，可见当时饮茶之风的盛行程度。同时，这种斗茶的结果也推动了茶叶的生产和烹沏技艺的提高。宋代时期，茶宴被推向盛期。茶宴主要在上层社会和禅林僧侣间进行，其中以宫廷茶宴最为讲究。

　　宫廷茶宴：这种茶宴通常在金碧辉煌的皇宫中进行，被看作是皇帝对近臣的一种恩施。所以，场面隆重，气氛肃穆，礼仪严格。茶要贡品，水要玉液，具要珍玩。茶宴进行时，先由近侍施礼布茶，群臣面对皇帝三呼万岁。坐定后再闻茶香、品茶味，赞茶感恩，互相庆贺。

　　文人茶宴：文人茶宴多在知己好友间进行，一般选择在风景秀丽、景观宜人、装饰优雅的场所举行，一般从相互间致意开始，然后品茗尝点、论书吟诗。

　　禅林茶宴：禅林茶宴通常在寺院内进行，参加的多为寺院高僧及当地知名的文人学士。茶宴开始时，众人围坐，住持按一定程序冲沏香茗，依次递给大家品尝。冲茶、递接、加水、品饮等，都按宗教礼仪要求进行。在称赞茶美之后，也少不了谈论道德修身、议事叙情。

　　虽然各种茶宴目的和要求各有不同，但茶宴的仪式基本一致，一般可分为迎送、庆贺、品茶、叙谊、观景等内容。整个过程都以品茗贯穿始终，对与品茗有关的程序，如选茶、择水、配器，以及烧水、冲沏、递接，直至观色、闻香、尝味等，都须按要求进行。茶宴进行时，一般先由主持人亲自调茶，以示敬意，然后献茶给赴宴的宾客。宾客接茶先是闻茶香、观茶色，然后尝味。一旦茶过两巡，便开始评论茶品，称赞主人品行好、茶味美，随后话题便可转入叙情誉景、论书吟诗了。

蓝釉执壶　明嘉靖

　　元代，沿续了宋人的饮茶习惯，除了清饮雅赏外，提倡清茗伴茶点、茶食，用以待客。另外，自元代开始，由于西北市场开放，饮茶风习在西北边疆少数民族地区进一步普及。

　　明代，随着茶叶加工方式的改革，成品茶由唐的饼茶和宋的团茶改为炒青条形散茶，人们用茶不需将茶碾成细末，而是将散茶放入壶或盏内，直接用沸水冲泡饮用。这种用沸水直接冲泡的沏茶方式，简便易行，保留了茶的清香味，不仅便于人们直观欣赏茶叶，也为明人饮茶不过多注重形式而较为讲究情趣创造了条件。所以，明人饮茶提倡常饮而不多饮，对饮茶用壶讲究综合艺术，对壶艺有更高的要求。品茶玩壶，推崇小壶缓啜自酌，成了明人的饮茶风尚。

　　清代，饮茶出现空前盛况。人们不仅在日常生活中离不开茶，办事、送礼、议事、庆典也同样离不开茶。饮茶在人们生活中占有非常重要的地位。此时，我国的饮茶之风不但传遍欧洲，而且还传到了美洲新大陆。

　　近代，茶已渗透到中国人民生活的每个角落，成了国人老少皆宜的饮品。饮茶的方法更是多种多样。

　　以烹茶方法而论，有煮茶、煎茶和泡茶之分；

　　以饮茶方法而论，有喝茶、品茶和吃茶之别；

　　以用茶目的而论，有生理需要、传情联谊和精神追求等多种。

　　总之，随着社会的发展、物质财富的增加、生活节奏的加快，人们对精神生活要求的多样化，中国乃至整个世界的饮茶方式方法也将变得更加丰富多彩。

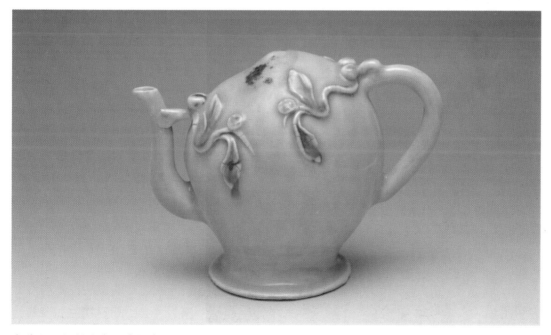

青花釉里红倒流壶　清乾隆

二
认识茶文化

1 | 中国茶文化的萌芽

中国茶文化是中国饮食文化的分支，发展到今天，已经形成一门具有独特形态与功能的知识密集型学科，而且相应地编织出一个和谐的文化环境氛围，以其强大的融和力，不断增进着人与人、国家与国家、民族与民族间的交流和友谊。鉴于此，茶文化势必引起更加广泛的社会成员去密切关注这种古老文化传统的积累与流向，并逐步建立起茶史、制茶、茶疗、茶俗、茶民族、茶宗教、茶艺文、茶资源、茶管理、茶哲学等学科，从而促进社会的安定、繁荣和发展。"汉文化基本上是农耕文化"（陈正祥《中国文化地理·自序》）。茶为古代重要的农产品，其发展正植根于这种深厚的汉文化基础之上，真可谓源远流长。

茶的作用，大致可分蔬食、药疗、汤饮。

《诗经·豳风·七月》有"采荼"之载。陆羽《茶经·六之饮》指出："茶之为饮，发乎神农氏，闻于鲁周公。"《神农本草经·卷一·上经》则将茶列为菜之上品，名"苦菜"，一名"荼草"。可知茶在我国，于"神农氏"时代便已明其可"饮"之功能。这里的"饮"，当是指饮食，不能单纯理解为"饮料"。《素问·经脉别论》有"饮入于胃，游溢精气"之语，即古人饮、食统称的例证。《神农本草经》将茶列为"菜"中上品，反映了上古时期的用茶特点。若再参照"神农尝百草，日遇七十二毒，得荼而解之"的说法，则启发尤深："尝"即寻找生活资料；"得荼而解之"即中毒后发现

老班章古茶树

茶的解毒功能。中医素有"医食同源"的说法，茶叶的作用正是如此。所以，有关蔬食、药疗寻源的观点，还是不要强行划分界限为宜；而茶作为单纯饮料，当在蔬食、药疗之后。茶叶的蔬食、药疗、汤饮功能，从古到今，始终被人们所珍视和应用。其发展轨迹呈现缓进、平和的特点；其发展结果，让人们在美的享受中感受到中国传统文化在不同时期的自我超越。

2 | 古代饮茶法的流变

陈正祥《中国文化地理·自序》指出："饮茶是汉文化圈日常生活的一部分。"长期的饮茶实践，促进了茶文化系统之渐次形成与不断完善。其中最令人感兴趣者，莫如饮茶法之沿革。现择要举例如下。

（1）三国张揖《广雅》饮茶法

"欲煮茗饮，先炙（茶饼）令赤色，捣末置瓷器中，以汤浇，覆之，用葱、姜、橘子芼之。"《广雅》所载的饮茶法是有文字可查的最早的饮茶法。

（2）唐代陆羽《茶经》饮茶法

第一步，炙茶（烤茶饼使干）。

第二步，末之（将茶饼碾碎成末）。

第三步，取火（煮茶以炭为上，柴次之）。

第四步，选水（山水最佳，次江水，次井水）。

第五步，煮茶。

① 烧水

一沸：水沸"如鱼目，微有声"。

二沸："缘边如涌泉连珠"。

三沸："腾波鼓浪"。

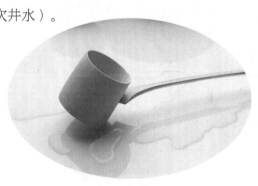

再煮，则"水老不可食也"。

② 煮茶

"出水一瓢，以竹夹环激汤心，则量末当中心而下。有顷，势若奔涛溅沫，以所出水止之"。

第六步，酌茶（将茶舀进碗里）。

① 第一次煮开的水，"弃其沫之上有水膜如黑云母"。

② 舀出的第一道水，谓之"隽永"，"或留熟盂以贮之，以备育华救沸之用"。

③ 以后舀出的第一、二、三碗，味道略差些。

④ 第四、五碗之外，"非渴甚，莫之饮"。

⑤ 酌茶时，应令沫饽均，以保持各碗茶味相同。

⑥ 煮水一升，"酌分五碗，乘热连饮之"。

⑦ 一"则"茶末，只煮三碗，才能使茶汤鲜美馨香；其次是五碗。至多不能超过五碗。

（3）宋代蔡襄《茶录》饮茶法

第一步，炙茶。

第二步，碾茶。

第三步，罗茶："罗细则茶浮，粗则末浮"。

第四步，候汤。

第五步，烘盏："凡欲点茶，先须烘盏令热，冷则茶不浮"。

第六步，点茶："钞茶一钱匕，先注汤调令极匀。又添注入，环回击拂，汤上盏可四分则止。视其面色鲜白，著盏无水痕为绝佳"。

第七步，茶具：茶焙，茶笼，砧椎，茶钤，茶碾，茶罗，茶盏，茶匙，汤瓶。

越窑白釉茶盏　宋代

（4）元代王祯《农书·茶》饮茶法

第一步，"茗茶"煎饮法。

① 采摘："择嫩芽"。

② 水泡："先以汤泡去熏气（草腥气味）"。

③ 煎饮："以汤煎饮之"。（随采随煎，开"撮泡法"的先河。）

第二步，"末茶"煎饮法。

① 炙茶："先焙芽令燥"。

② 碾茶："入磨细碾"。

③ 点茶："凡点汤多茶少则云脚散，汤少茶多则粥面聚。钞茶一钱匕，先注汤，调极匀，又添注入，回环击拂，视其色鲜白，著盏无水痕为度"。

④ 品饮："其茶既甘而滑。南方虽产茶，而识此法者甚少"。

（此也"撮泡"一法，实有别于"龙团""凤饼"，可见其草创时期的原始性。）

第三步，"蜡茶"煎饮法。

① 洗茶："蜡茶珍藏既久，点时先用温水微渍，去膏油""新者不用渍"。

② 碎茶："以纸裹槌碎"。

③ 炙茶："用茶钤微炙"。

④ 碾茶、罗茶："旋入碾罗，旋碾则色白，经宿则色昏"。

⑤ 茶具：茶钤（"屈金铁为之"），茶砧（"砧用石"），茶椎（"椎用木"），茶碾（"碾余石皆可"）。

（5）明代钱椿年《茶谱》饮茶法

第一步，煎茶四要。

① 择水："山水上，江水次，井水下"。

② 洗茶："烹茶先以热汤洗茶叶，去其尘垢冷气"。

③ 候汤："茶须缓火炙，活火煎。活火谓炭火之有炎者"。

④ 择品："凡瓶要小者易候汤，又点茶注汤有应""茶铫茶瓶，银锡为上，瓷石次之耳"。

第二步，点茶三要。

① 涤器："试茶以涤器为第一要。茶瓶茶盏茶匙生腥，致损茶味。必须先时洗洁则美"。

② 烫盏："点茶先须烫盏令热，则

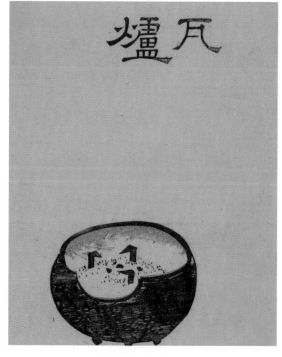

瓦炉

茶面聚乳,冷则茶色不浮"。

③ 择果:"茶有真香,有佳味,有正色,烹点之际,不宜以珍果香草杂之""若必曰所宜,核桃、榛子、瓜仁……之类精制或可用也"。

(6)翁辉东《潮州茶经》饮茶法

第一步,茶之本质(据所好选用名茶)。

第二步,取水:"山水为上,江水为中,井水其下"。

第三步,活火:"活火者,谓炭之有焰也。潮人煮茶,多用绞只炭"。

第四步,茶具:茶壶,盖瓯,茶杯,茶洗,茶盘,茶垫,水瓶,水钵,龙缸,红泥火炉,砂铫(俗名"茶锅仔"),羽扇,铜箸,锡罐,茶桌,茶担(即茶挑,登山旅游用)。

第五步,烹法。

① 治器:"洁器,候火,淋杯"。

② 纳茶:"先淋罐令热,再装入茶叶"。

③ 候汤:"若水面浮珠,声若松涛,是为第二沸,正好之候也"。

④ 冲点:"缘壶边冲入,切忌直冲壶心,不可断续,不可迫促,铫宜提高倾注"。

⑤ 刮沫:冲水满时,"茶沫浮白,溢出壶面,提壶盖从壶口平刮之,沫则散坠,然后盖定"。

⑥ 淋罐:盖定后,"复以热汤遍淋壶上,以去其沫。壶外追热,则香味盈溢于壶中"。

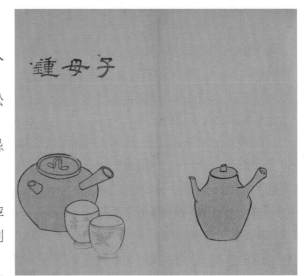

子母钟

⑦ 烫杯:"烧钟热罐,方能起香"。

⑧ 洒茶(斟茶):"茶叶纳后,淋罐淋杯,倾水,几番经过,正洒茶适当时候,缘洒不宜速,亦不宜迟。……洒必各杯轮匀,又必余沥全尽"。"洒茶既毕,乘热,人各一杯饮之。杯缘接唇,杯面迎鼻,香味齐到,一啜而尽,三嗅杯底,味云腴,食秀美,芳香溢齿颊,甘泽润喉吻,神明凌霄汉,思想驰古今。境界至此,已得'工夫茶'三味"。

3 | 中国茶文化的内核

茶道是人的本质力量通过茶事过程对象化的集合形态。它显示高雅,表达礼仪,象征友谊,完善素质,表现自我。茶道形成于盛唐。"茶圣"陆羽,是中华茶道的先驱,其著作《茶经》则是"地道的茶道哲学"。

陆羽《茶经·一之源》云："茶叶为饮,可以疗疾……最宜精行俭德之人。"《茶经·六之饮》则强调了"饮之时义远矣哉"。它可以"荡昏寐",故茶味要求"珍鲜馥烈""隽永"。《茶经》的作者,显然把饮茶视为精神享受,重在"品"字,是一种修身养性的手段。所以日本森本司朗《茶史漫话》充满激情地评论《茶经》说:"在这本百科全书式的项目纷陈之中,可称之为'人生指南'的思想脉络贯穿全书。……是茶的精神,是俭的美德,是穷苦人自主独立、自力更生、刻苦奋斗的生活规范。"

宋徽宗撰《大观茶论》指出:茶之为物,"擅瓯闽之秀气,钟山川之灵禀";茗饮可以"祛襟涤滞""致清导和""冲淡闲洁""韵高致静"。"缙绅之士,韦布之流,沐浴膏泽,熏陶德化,盛以雅尚相推,从事茗饮"。徽宗所述,蕴含着宁静、内省、心理净化的哲理。

明代张源撰《茶录》,专立"茶道"门,以示郑重。

明代屠隆撰《考盘余事·茶说》指出:"茶之为饮,最宜精形修德之人。兼以白石清泉,烹煮如法,不时废而复兴,能熟习而深味,神融心醉,觉与醒醐甘露抗衡。斯善鉴赏者矣。使佳茗而饮非其人,犹汲泉以灌蒿莱,罪莫大焉。"屠氏还鞭挞了当时违背茶道精神的恶习,讥议唐宰相李德裕云:"李德裕奢侈过求。在中书,不饮京城水,悉用惠山泉,时谓之水递",虽"清致可嘉",但却"有损盛德"。

陆羽的《茶经》,融通儒、释、道三家思想精华于一个"和"字。"和"实在是中国茶道的内核。"和"的内涵,于古今茶事中也获得了充分的体现。例如:

刘贞亮有"以茶利礼仁"之说;《茶经》引《桐君录》言"南方有瓜芦木,亦似茗……客来先设";民俗有"寒夜客来茶当酒"之说,此"和敬"也。

释皎然《饮茶歌诮崔石使君》有"此物清高世莫知"句,张载《登成都楼诗》有"芳茶冠六清"句,欧阳修《和梅公仪尝建茶》有"羡君潇洒有余清"句,言茶清。

蔡襄《北苑》有"龙泉出地清"句,言泉清。

苏轼《汲江煎茶》有"自临钓石取深清"句,言水清。

皮日休《茶鼎》有"此时勺复茗,野语知逾清"句,皎然《饮茶歌诮崔石使君》有"再饮清我神"句,赵佶《大观茶论》有"茶之为物,致清导和"句,吴嘉纪《松萝茶歌》有

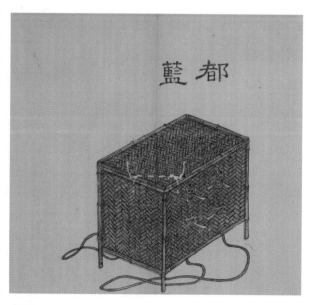

都蓝

"松萝山中嫩叶有，老僧顾盼心神清"句，林逋《尝茶次寄越僧灵皎》有"清话几时搔首后，愿和松色劝三巡"句，壶铭有"可以清心也"说，言心神清。

《大观茶论》有"天下之士，励志清白……啜英咀华""可谓盛世之清尚也"说，范仲淹《和章岷从事斗茶歌》有"众人之浊我可清"句，耶律楚材《西域从王君玉乞茶》有"敢乞君侯分数饼，暂教清兴绕烟霞"句，言时尚清。

刘禹锡《西山兰若试茶歌》有"欲知花乳清泠味，须是眠云跂石人"句，陆容《送茶僧》有"石上清香竹里茶"句，袁枚《试茶》有"几茎仙草含虚清"句，言意境清，此"和清"也。

皇甫曾《送陆鸿渐山人采茶回》有"寂寂燃灯夜，相思一磬声"句，温庭筠《西陵道士茶歌》有"更觉鹤心通杳冥"句，李群玉《龙山人惠石廪方及团茶》有"凝澄坐晓灯"句，曹业《故人寄茶》有"半夜招僧至，孤吟对月烹"句。这些都是讲茶的"和寂"。

刘贞亮有"以茶可养廉"说，此"和廉"也。

陆羽《茶经》云："茶性俭""最宜精行俭德之人"，此"和俭"也。

刘贞亮有"以茶可雅志"说，苏轼《次韵曹辅寄壑源试焙新茶》有"从来佳茗似佳人"句，范仲淹《和章岷从事斗茶歌》有"林下雄豪先斗美"句，此"和美"也。

陆羽《茶经》引《神农食经》云："茶茗久服，令人有力悦志"，欧阳修《尝新茶呈圣俞次韵再拜》有"自谓此乐真无涯"句，此"和乐"也。

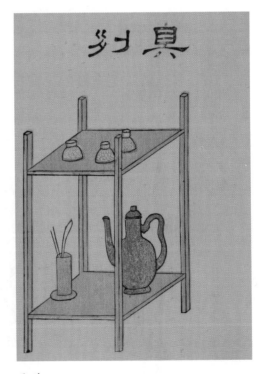

具列

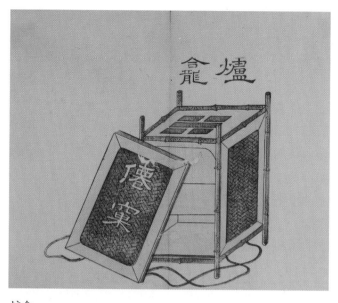

炉奄

刘言史《与孟郊洛北野泉上煎茶》有"以兹委曲静，求得正味真"句，颜真卿等《五言月夜啜茶联句》有"素瓷传静夜，芳气满闲轩"句，《大观茶论》有"茶之为物，中淡间洁，韵高致静"句，徐照《谢徐玑惠茶》有"静室无来客，碑粘陆羽真"句，此"和静"也。

徐珂《清稗类钞》云：北京茶肆之饮茶者中，"八旗人士虽官至三四品，亦厕身其间，……与围人走卒杂坐谈话，不以为怍"，此"和平"也。

皎然《饮茶歌诮崔石使君》有"一饮涤昏寐，情来朗爽满天地"句，李郢《茶山贡焙歌》有"使君爱客情无已"句，此"和爱"也。

皮日休《茶人》述写顾渚山茶人连说话时吐出来的气息都是茶叶的气息："语气为茶"。高启《采茶词》则叙采茶姑娘"归来清香犹在手"，所言采茶人之"气"。陆龟蒙《茶笋》云："茶树因为得到阴阳和合之气的孕育，遂萌生出玉色似的茶芽。""所孕和气深，时抽玉苕短"。所言茶树叶之"气"。卢仝《走笔谢孟谏议寄新茶》云："唯觉两腋习习清风生……玉川子乘此清风欲归去"，崔道融《谢朱常侍寄贶蜀茶剡纸二首》云："一瓯解却山中醉，便觉身轻欲上天"，梅尧臣《尝茶和公仪》云："亦欲清风生两腋，从教吹去月轮旁"，朱熹《茶坂》云："一啜夜窗寒，跏趺谢衾枕"，此皆所言饮茶人之"气"，乃"和气"也。

更令人瞩目的是所谓"茶碗阵"，"于饮茶之际，互相斗法。甲乙相对峙，甲先布一阵，令乙破之。能破者为好汉，不能破者为怯弱。"事载《家理宝记》，并列三十阵式配诗。如"一龙阵"，配诗云："一朵莲花在盆中，端记莲花洗牙唇。一口吞下大清

铜炉

国，吐出青烟万丈虹。"又"龙宫阵"，配诗云："四海澄清不揭波，只因中国圣人多。哪吒太子去闹海，戏得龙王受须磨"，此"和交"也。

另外，像"和睦""和顺""和成""和胜"等词的意思，都可以不说自明，在此就不再赘述。上述这些足以说明"和"的内涵丰富，"和"的时义深远。《诗经·小雅·天保》云："民之质矣，日用饮食。群黎百姓，遍为尔德。"当知"宜民宜人"是为"德"。《左传·隐公四年》载："以德和民，不闻以乱。"展望未来，茶道的"和"，其"和民"时义深之又深，远之又远。

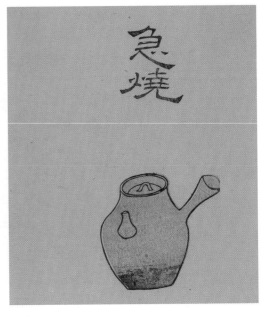

急烧

4 | 五花八门的茶俗

《汉书》认为"上之所化为风，下之所习曰俗"。就是说，因为饮茶历史悠久，渐次形成了与饮茶相关的仪礼风俗。

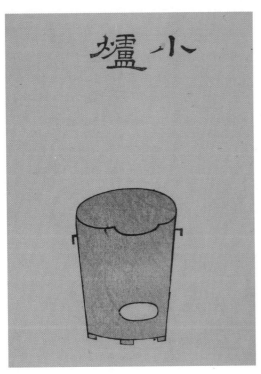

小炉

南北朝时期，人们已将茶列入祭品。《南史·卷四·齐本纪上·武帝》载，南齐武帝肖赜临终立遗诏云："祭敬之典，本在因心。灵座上慎勿以牲为祭，惟设饼、茶饮、干饭、酒脯而已。天下贵贱，咸同此制。"这是把茶当作祭品的例子。

宋代周密《齐东野语·卷十九·有丧不举茶托》记载：宋人"凡居丧者，举茶不用托""或谓昔人托必有朱，故有所嫌而然。……平园《思陵记》，载阜陵居高宗丧，宣坐赐茶，亦不用托。始知此事流传已久矣。"这是茶俗中有关丧礼的例子。

吴自牧《梦粱录·卷十六·茶肆》记载：杭州百姓有"巷陌街坊，自有提茶瓶沿门点茶，或朔望日，如遇吉凶二事，点送邻里茶水，倩其往来传语"之风。《梦粱录·卷十八·民俗》载："朔望茶水往来，至于吉凶等事，不特庆吊之礼不废，甚者出力与之扶持，亦睦邻之道。"这是茶俗中有关睦邻的例子。

宋代流行"斗茶"，这一种是由"品茶"生发成集体裁决茶叶优劣的做法。宋徽宗《大观茶论·序》记得很详细："天下之士，励志清白，竞为闲暇修索之玩，莫不碎玉锵金，啜英咀华，较箧箴之精，争鉴裁之别。虽下士于此时不以蓄茶为羞。可谓盛世之清尚也。"范仲淹《斗茶歌》云："民间品第胡能欺，十目视而十手指；胜若登仙不可攀，输同降将无穷耻。"这是茶俗中有关斗茶的例子。

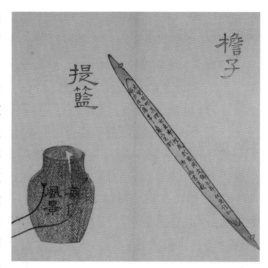

檐子与提篮

明代许次纾《茶疏·考本》记载："茶不移本，植必子生。古人结昏（婚），必以茶为礼，取其不移置子之意也。今人犹名其礼曰下茶。"下茶礼俗，宋已有之。清代阮葵生《茶余客话》引宋人《品茶录》云："种茶树必下子，若移植则不复生子，故俗聘妇，必以茶为礼，义固有取。"清代孔尚任《桃花扇·媚座》载："花花采轿门前挤，不少欠分毫茶礼。"这是茶俗中有关婚聘的例子。

茶会，又称作茶宴、汤社、茗社。晋代已有用茶会客的先例。《太平御览·卷八六七》引录《世说》云："晋司徒长史王濛好饮茶，人至辄命饮之。士大夫皆患之，每欲往候，必云：'今日有水厄。'"盛唐以降，茶宴蔚然成风。茶寮，即茶室，此指个人专设之饮茶场所，唐已有之，明人最重。明代文震亨《长物志，茶寮》载："构一斗室，相傍山斋，内设茶具，教一童专主茶役，以供长日清谈，寒宵兀坐，幽人首务，不可少废者。"茶肆，即茶坊、茶摊、茶铺、茶馆，是市集上出售茶叶的地方。最早的记载见于《广陵耆老传》："晋元帝时，有老妪每旦独提一器茗，往市鬻之，市人竞买。"唐时称茶肆为"茗铺"。封演《封氏闻见记》载，城市"多开茗铺，煮茶卖之。不问道俗，投钱取饮。"

注子

南宋之杭州，茶坊业颇发达。明时称茶肆为"茶馆"，陈设考究。张岱《陶庵梦忆·卷八·露兄》便有"崇祯癸酉，有好事者开茶馆"之载。清代之茶铺则更普遍，且有"施茶所"之设。施茶所同为茶铺，然属慈善事业，饮茶不用收费，黄厢岭望苏亭即是。如刘献庭《广阳杂记·卷第二·黄厢岭有望苏亭》云："黄厢岭有望苏亭，施茶所也。"今天的茶庄，大多专卖茶叶，不售茶水。香港九龙的英记茶庄，创自前清光绪八年（1882），堪称"元老"。上述这些是茶俗中有关茶会、茶寮、茶肆、茶庄、慈善的例子。

水注

《明史·礼志》载："皇帝视学礼仪……学官率诸生迎驾于成贤街左，皇帝……诣先师神位，再拜，献爵"；"赐讲官坐，乃以经置讲案，叩头，就西南隅几榻坐讲……讲毕，赐百官茶"。潮州民俗有老师"坐书斋，哈烧茶"之说。这些是茶俗中有关教育的例子。

吴自牧《梦粱录·卷十六·鲞铺》载："盖人家每日不可阙者，柴米油盐酱醋茶。"《旧唐书·李珏传》载："茶为食物，无异米盐，于人所资，远近同俗，既祛竭乏，难舍斯须，田闾之间，嗜好尤甚。"梅尧臣《南有嘉茗赋》云：对于茶，"华夷蛮貊，固日饮而无厌，富贵贫贱，亦时啜而不宁"。李觏《盱江记》云："茶非古也……君子小人靡不嗜也，富贵贫贱无不用也。"这些是茶俗中有关饮食的例子。

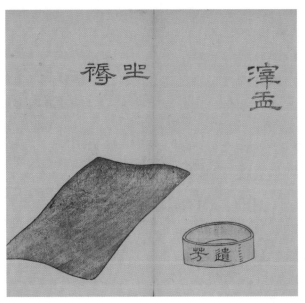

檐子与提篮

朱彧《萍州可谈·卷一》载："茶见于唐时，味苦而转甘，晚采者为茗。今世俗客至则啜茶，去则啜汤……此俗遍天下。先公使辽，辽人相见，其俗先点汤，后点茶。"又载："两制以上点茶汤，入脚床子，寒月有火炉，暑月有扇，谓之'事事有'；庶官只点茶，谓之'事事无'。"这是茶俗中有关客礼的例子。

张途《祁门县新修阊门溪记》记载："千里之内，业于茶者七八矣。由是给衣食、供赋役悉恃此。祁之茗，……将货他郡者，摩肩接迹而至。"陈师道《后山谈丛·卷五》载：崇阳"民以茶为业"。江登云《橙杨散志》载：风俗，安徽歙县"擅茶菱之美，近山之民多业茶。茶时，虽妇女无自逸暇"。这些是茶俗中有关经营的例子。

杜光庭《仙传拾遗》载："九陇人张守硅仙君山有茶园，每岁召采茶人力百余人，男女佣工者杂处园中。"王应奎《柳南续笔》载："洞庭东山碧螺峰石壁，产野茶数株，每岁土人持竹筐采摘，以供日用。"《竹窗杂录》载：福建鼓山有"居民数家，

苦节君像

种茶为业，地名茶园，产不甚多，而味清冽。王敬美督学在闽，评鼓山茶为闽第一，武夷清源不及也"。李来章《连阳八排风土记》载"劝谕瑶人栽种茶树一则"，其中有云："每户灶丁一名，遵谕种食茶一亩，油茶一亩"，并授"种子茶之法""种茶栽之法"末附奖惩条例。这些是茶俗中有关种植和采制的例子。

徐光启《农政全书·茶》载："唐德宗每赐同昌公主馔，其茶有'绿花''紫英'之号。"这是茶俗中有关赏赐的例子。

《萍洲可谈·卷二》载："江西瑞州府黄檗茶，号绝品，士大夫颇以相饷。所产甚微，寺僧园户竞取他山茶，冒其名以眩好事者。"王应奎《柳南续笔·卷二》载：洞庭东山碧螺春乃名茶，然售者"往往以伪乱真"。这些是茶俗中有关伪茶的例子。

5 ｜ 茶与少数民族生活

中国茶文化以其独特的融和力，通过社会成员的交往、传播媒介的扩散等渠道，影响着我国各个民族的风俗习惯，并形成互相渗透的多维文化网络，促进了民族间的团结与和睦。唐代封演《封氏闻见记》记有"古人亦饮茶耳，但不如今溺之甚，穷日尽夜，殆成风俗，始于中地，流于塞外"的句子，可知当时茶叶已经由中原流传到了塞外。

唐代，与回纥正式进行茶马交易。《新唐书·陆羽传》载：贞元末年，"时回纥入朝，始驱马市茶"。李肇《唐国史补·卷下》载："常鲁公使西蕃，烹茶帐

中。……赞普曰：'此我亦有。'遂命出之，以指曰：'此寿州者，此舒州者，此顾渚者……'。"这些记录说明唐朝时期输入的藏茶类为数不少。

宋初，"经理蜀茶，置互市于原、渭、德顺三郡，以市蕃夷之马"（《宋史·食货志》）。可见与少数民族的茶市贸易，历代不衰。虽然属于"茶政"，但其促进民族融合的作用却不可低估。诚如《陕西通志》所述："睦邻不以金樽，控驭不以师旅；以市微物，寄疆场之大权，其惟茶乎！"

维吾尔族主要饮用茯砖茶。在茶的烹煮方法和饮茶习惯上，南、北疆有所差别。"南疆系将茯砖茶碎块投入陶瓷壶中，加入少量香料，或胡椒，或桂皮，注满清水，放在火炉上，煮沸饮用。北疆系将茶砖敲碎，投入铁锅内，加清水煮沸，兑入鲜奶或奶皮子，放少量食盐，再煮沸十余分钟后饮用。"（陈学良《茶话》）

哈萨克族主要饮用米砖茶和红茶，睡前必喝清茶，茶中多放糖。

蒙古族人三餐不离奶茶，每日喝三四次。客人来，以奶茶为待客上品。奶茶制法：将砖茶敲碎，置铁锅中，加水煎煮十余分钟，至茶汁浓厚，便倒入事先用锅煮沸的牛奶内，再放少许食盐即成。

藏族人不但天天饮用酥油茶，还把酥油茶当作婚嫁礼品中的珍品。对客人敬酥油茶，是一种隆重的礼节。酥油茶制法：把乳酪搅拌后倒入竹桶，次日浮起黄油一层，是为酥油；将茶叶放入锅内煮沸，滤出茶汁，倒入长形茶桶，再加入食盐和酥油，搅拌至乳状即成。

总的来说，少数民族的饮茶风俗在保存我国古代煮茶作羹饮的传统方法基础上，灵活变通，多姿多彩，显示出中华民族饮茶文化史的多民族特性。

采茶女

6 | 茶与茶政

随着茶业的发展，统治者管理茶业的措施也不断加强，这些管理措施称为"茶政"。

茶叶作为贡品始于周代。《华阳国志·卷一·巴志》云：公元前1040年周武王伐纣时，巴蜀地区之"茶、蜜、灵龟……皆纳贡"。

唐德宗建中元年（780），始"税天下茶、漆、竹、木，十取一"（《旧唐书·食货志》）。唐文宗大和九年（835），初立榷茶制，即茶叶专卖制。此后，茶叶成为垄断商品，一直受到历代朝廷的支配。对于"一日无茶则滞，三日无茶则病"而又不产茶的西北少数民族地区，官府更是严格限制茶叶的供应，以求达到"以茶治边"的目的。

陈师道《后山谈丛·卷五》记载："张忠定公令崇阳，民以茶为业。公曰：'茶利厚，官将取之，不若早自异也。'命拔茶而植桑，民以为苦。其后榷茶，他县皆失业，而崇阳之桑皆已成，其为绢而北者岁百万匹，其富至今。"朱彧《萍洲可谈·卷二》载："自崇宁复榷茶，法制日严……其侪乃目茶笼为'草大虫'，言其伤人如虎也。"由此可见，"茶政"与民生关系巨大。

事茗图（局部）

7 | 茶的养生文化

把茶叶当作药物使用，《本草纲目》讲得很详细，概括起来如下："茶叶气味苦甘、微寒，无毒。利小便，去痰热止渴，令人少睡，有力悦志，下气消食，除瘴气，利大小肠，清头目，止头痛，治中风昏愦，多睡不醒，治伤暑，合醋治泄痢甚效，治赤白痢，浓煎吐风热痰涎。"发展到现代，茶叶的治病功效范围不断扩大，令人瞩目。

喝茶可以防治原子放射病：茶能加速锶90从体内排出；茶中脂多糖有明显的保护造血功能的作用；可溶茶则有抗辐射、增加白血球的作用，是从事放射工作者的一种有效防护药。

喝茶可以防治癌症：台湾大学兽医系教授刘荣标经研究后指出，茶叶中的某种物质通过血液循环，可以治疗及预防全身各个部位的癌症；市面上所见茶叶均有防癌作用，乌龙茶效果最为显著，建议三餐后饮上一杯乌龙茶，每天最少饮10克乌龙茶。另外，南京大学现代分析中心等单位协作研究鉴定，产于江苏南京青龙山地区的龙雾茶，能抑制人喉头癌、胃腺癌细胞的生长，抑制DNA合成，阻止癌细胞的转移。

喝茶可以预防电视病：近距离长时间受电视（尤其是彩色电视）屏幕的辐射，有害人体健康，而茶中的脂多糖物质能降低辐射的危害。连续看四五个小时电视，人的视力会暂时减退30%，收看彩电会大量消耗眼中视紫红质，从而引起视力衰退。茶叶所含的 β-胡萝卜素具有维生素A的生理功能，常喝茶对保护和提高视力有好处。

喝茶可以抗衰老：日本奥田拓男教授通过实验，证实茶叶所含的鞣酸抗老化作用强于维生素E18倍。

真赏斋图（局部）

喝茶可以减肥：日本在研究防治肥胖病方法时，发现茶叶的减肥效果很好。

除上述医疗用法之外，茶叶新食品的问世，又充实了传统之食疗法内容——

液体饮料茶：有罐装牛奶红茶、茶叶汽水、可可奶茶、花茶啤酒等。

固体茶叶食品：有速溶茶晶、薄荷绿茶面包、柠檬红茶糖果等。

食疗制品：有儿茶素（对肾炎、慢性肝炎和白血病有辅助疗效）、茶丹宁（能增加毛细血管的致密性，又能调节甲状腺功能）、防龋口香糖（利用从茶叶中提取的氟研制而成）等。

风味佳菜：有茶叶粉蒸肉、嫩茶腰花等。

1996年，广东潮州真美食品集团有限公司推出了新产品——真美牌"潮州茶香鸡"。此产品集中、西方各类熏鸡制作工艺之大成，以优质嫩鸡、凤凰单枞茶等贵重药材为原料，用苹果木屑及日本樱花木屑进行熏烤，既保留了熏鸡的独特香味，又突出了潮州名茶风味，成为难得的美味佳肴。产品以营养丰富、口感舒适、酥脆香醇、不油不腻为特点，为适应现代人的生活节奏，还采用现代科学包装，给用户带来食用方便。

现代茶疗学、茶食疗学的发展，为茶叶赢得了"健康饮料""安全兴奋剂""美容饮料""口香饮料""原子时代的饮料"五个美称。

休园图（局部）

8 | 茶与茶具

西汉王褒《僮约》有"烹茶尽具"之语，是最早记述茶具的文字。在唐代之前，茶具与食器仍然很难区分。在《茶经·四之器》开列出的20多种茶具中，有"碗""盂"等，也是当时盛汤浆或食物的器具。唐代以后，茶具才渐次趋向专用化、艺术化，并以其独特的艺术美，除了增强人们感官享受外，更能达到心理调适的效果。可见品茶之风的盛行，大大刺激了工艺业，尤其是金银首饰业和陶瓷业的发展。

传统的宜兴紫砂壶、孟臣罐、建盏、潮州红泥火炉等，均是有名的精品，自然不必多说。今天的"房屋茶具"，一套三件，圆屋顶是茶壶，其下呈四方形者是奶罂，"屋"前还有三角形糖罂，堪称"怪"趣横生。宜兴新产品"济公壶"，其盖为元宝式僧帽，壶嘴是个酒葫芦，壶盖以一串佛珠和壶柄相连，壶身上浮雕着芭蕉扇、破僧帽、吹火筒，两面还分别刻上"济癫积善除魔""南无阿弥陀佛"篆字，是上品中的上品。广东潮州枫溪"源兴炳记""源兴河记""老安顺"号所产手拉坯朱泥壶也饮誉海内外。

玉泉高掷

9 | 茶文化与地名、出版、农药、洗涤

中国各地的地名，大多有其特定含义，犹如历史的眼睛。

广州小北门外白云山南麓，清代时设"宝汉茶寮"。今天的环市中路的宝汉直街，名字即源于"宝汉茶寮"。东风中路越秀区正骨医院西边，有寄园巷和寄园一、二、三横巷等地名，均得名于100多年前的"寄园"。"寄园"是羊城最早的园林式音乐茶座。"宝汉茶寮"与"寄园"，今天已经不复存在，然而宝汉、寄园作为地名，却仍然沿用至今，由此可见茶事已经渗入地名学科了。

《羊城晚报》有名为"下午茶"的常设专栏，多刊登短小精悍的杂文。饮茶习俗化作报刊专栏的名称，可知茶事已经在出版业中争得一席之地。

美国科学家詹姆斯·内桑森在茶叶和咖啡中提炼出咖啡碱，混进毛虫食物中，可杀灭毛虫。杀虫剂中竟有茶叶之名，实为茶叶用法的创新。

另外，用茶水洗毛衣，不仅能把尘垢洗净，还能使毛线不褪色，延长使用寿命，洗涤效果首屈一指，非常神奇。

煮茶图（局部）

第二章
中国茶文化的传播

一
中国茶叶对外贸易的
运输路线

1 | 茶叶迈出国门历史综述

总体而言，全世界的茶叶产区大致分布在北纬45°以南、南纬30°以北的区域。茶叶从中国传播到世界各国，一般是通过以下三种渠道：一是由僧侣和使臣将茶叶带入周边地区；二是在国与国之间的交往中，茶叶被当作随带礼品或日用品；三是通过商务贸易，将茶叶运销到国外。目前，世界上有50多个国家生产茶叶，而消费茶叶的国家和地区则超过160个。

茶树

中国茶对外传播，自古代到近代大致有四条路径：第一条，自唐宋即开始，向东传播到今天的朝鲜半岛和日本，时间最早；第二条，由新疆和西藏向西传播至中亚和印度；第三条，向北传播到今天的蒙古和西伯利亚，这条路径以元朝最为兴盛，明清时期进一步传播至俄罗斯及广大的欧洲地区；第四条，以明朝郑和下西洋为肇始，向南传播到中南半岛，并在明清时期向非洲、欧洲、美洲传播。

从时间跨度和贸易形式来看，公元475—1644年的1000余年，是"以物易茶"为主要特征的出口外销时期。

中国茶叶最早输出时间是在公元473—476年间，中国与土耳其商人在蒙古边疆通过"以物易茶"的方式进行贸易。所以，现今只有土耳其的"CHAI"，仍遗留我国汉语"茶叶"的发音方式。唐代714年开始设立"市舶司"管理对外贸易。往后中国茶叶就通过海、陆"丝绸之路"向西输往西亚和中东地区，向东则输往朝鲜、日本。从明代开始，中国古典茶叶类型向近代多种茶类发展，为清初以来开展大规模的茶叶国际贸易提供了商品基础。郑和七次组率船队，出使南亚、西亚和东非30余国。同时，波斯（今伊朗）商人的商业活动、西欧人东来航海探险旅行、传教士的传教活动，都为中国茶叶的对外传播做了铺垫工作。

依据上述东、西、南、北四条路径，在茶叶对外传播历史上也形成了相对应的四种名称：海上茶路、茶马古道、丝绸之路、茶叶之路（也称草原茶路）。下面分别介绍这四条路径的茶叶传播活动。

2 ｜ 丝绸之路与茶叶贸易

普鲁士舆地学和地质学家、近代地貌学的创始人、旅行家和东方学者李希托芬（1833—1905）是最早提出"丝绸之路"概念的人。他于1860年曾随德国经济代表团访问过包括中国在内的远东地区，他去世后才陆续出版的5卷巨著《中国亲程旅行记》中，谈到中国经西域与希腊—罗马社会的交通线路时，首次将其称为"丝绸之路"。此后丝绸之路的名称在世界范围内流传开来。法国学者布尔努瓦夫人指出："研究丝路史，几乎可以说是研究整部世界史，既涉及欧亚大陆，也涉及北非和东非，如果再考虑到中

马帮

国的瓷器和茶叶的外销以及鹰洋（墨西哥银元）流入中国，那么它还可以包括美洲大陆，它在时间上已持续了25个世纪。"因此丝绸之路实际上是一片交通线路网。一般而言，丝绸之路是指古代和中世纪从黄河流域与长江流域，经过印度、中亚、西亚，连接非洲和欧洲，以丝绸贸易为主要媒介的文化交流之路。

丝绸之路的基本走向形成于两汉时期。其东面的起点是西汉的首都长安（今西安）或东汉的首都洛阳，经陇西或固原西行至金城（今兰州），然后通过河西走廊的武威、张掖、酒泉、敦煌四郡，出玉门关或阳关，穿过白龙堆到达罗布泊地区的楼兰。

汉代西域分南道、北道，南北两道的分岔点就在楼兰。北道西行，经渠犁（今库尔勒）、龟兹（今库车）、姑墨（今阿克苏）至疏勒（今喀什）。南道自鄯善（今若羌），经且末、精绝（今民丰尼雅遗址）、于阗（今和田）、皮山、莎车至疏勒。从疏勒西行，越葱岭（今帕米尔）至大宛（今费尔干纳）。由此西行可至大夏（在今阿富汗）、粟特（在今乌兹别克斯坦）、安息（今伊朗），最远到达大秦（罗马帝国东部）的犁轩（又作黎轩，在埃及的亚历山大城）。另外一条道路是，从皮山西南行，越悬渡（今巴基斯坦达丽尔），经厨宾（今阿富汗喀布尔）、乌弋山离（今锡斯坦），西南行至条支（在今波斯湾头）。如果从厨宾向南行，至印度河口（今巴基斯坦的卡拉奇），转海路也可以到达波斯和罗马等地。这是自汉武帝时张骞两次出使西域以后形成的"丝绸之路"的基本干道，也就是说，狭义的"丝绸之路"就是指上述的道路。

广义的"丝绸之路"指从上古开始陆续形成，遍及欧亚大陆甚至包括北非和东非在内的长途商业贸易和文化交流线路的总称。除了上述的路线之外，还包括在南北朝时期形成，在明末发挥巨大作用的海上丝绸之路，以及与西北丝绸之路同时出现，在元末取代西北丝绸之路成为路上交流通道的南方丝绸之路，等等。

本书所说的作为茶叶传输路线之一的丝绸之路是狭义上的概念，是根据中国茶叶的发展史以及有记载的茶叶外销而集中于陆路的、中世纪的茶叶运输线路。

3 | 茶马古道与茶叶贸易

茶马古道源于古代西南边疆的茶马互市，兴于唐宋，盛于明清，第二次世界大战中后期最为繁荣。茶马古道主要有三条线路，即青藏线（唐蕃古道）、滇藏线和川藏线。在这三条古道中，青藏线兴起于唐朝时期，发展较早；而川藏线在后来的影响最大，也最为知名。

在历史上，销往西北地区和西藏的茶叶以各类茶砖为主，西北多产名马，贸易商互通有无，以名马换取茶叶成为必然的选择，到了唐朝则演变为"茶马政策"。《封氏闻见记》载："开元中，泰山灵寺岩有降魔师大兴禅教，学禅务于不寐，又不夕食，皆许其饮茶，人自怀挟，到处煮饮。从此争相仿效，遂成风俗，自邹、齐、沧、棣，渐至京邑，城市多开店铺煎茶卖之，不问道俗，投钱取饮。其茶自江淮而来，舟车相继，所在山积，色额甚多……于是茶道大行，王公朝士无不饮者……按此古人亦饮茶耳，但不如今人溺之甚，穷日尽夜，殆成风俗，始自中地，流于塞外，往年回纥入朝，大驱名马，取茶而归，亦足怪鄙。"

从文字记载来看，唐代便有"回纥驱马市茶"的话语，但直至宋太宗太平兴国八年，盐城使王明才上书："戎人得铜钱，悉销铸为器。"这样乃设"买马司"，正式禁止以铜钱买马，改用布帛、茶药（主要是茶）来换马。这是我国由国家制定的最早的茶马互市政策。北宋时期，茶马交易主要在陕甘地区，换马的茶叶就地取于川蜀地区，并在成都、秦州（今甘肃天水）各置榷茶和买马司。

10世纪，蒙古商队来华商贸，将中国茶砖从中国经西伯利亚带到中亚甚至更远的地方。到元代，蒙古人远征欧洲，创建了横跨欧亚的大帝国，中国的茶叶传入中亚，被广泛饮用，并迅速在阿拉伯半岛和印度传播开来。

茶马古道起点

元代，官府废除了宋代实行的茶马治边政策。到明朝，川藏茶道正式形成。政府规定四川、陕西两省分别接待杂甘思和西藏的入贡使团，而明朝使臣亦分别由四川、陕西入藏。明代成化二年（1470），朝廷更是明确规定乌思藏赞善、阐教、阐化、辅教四王和附近乌思藏地方的藏区贡使均经由四川入贡。另外，明代朝廷还在雅州、碉门设置茶马司，每年有数百万斤茶叶输往康区转至乌思藏，使茶道从康区延伸至西藏地区。而乌思藏贡使的往来，又促进了茶道的畅通。于是，由茶叶贸易开拓的川藏茶道同时也作为官道，取代了青藏道的地位。

清代，朝廷设置边疆台站，进一步加强了对康区和西藏的管理。由于放宽了茶叶输藏，打箭炉成为南路边茶总汇之地，进而使川藏茶道进一步繁荣。这样一来，明清时期形成了两路茶道：由雅安、天全越过马鞍山、泸定到康定的"小路茶道"；由雅安、荥经越大相岭、飞越岭、泸定至康定的"大路茶道"。通过这两个茶道，再由康定经雅江、里塘、巴塘、江卡、察雅、昌都至拉萨的南路茶道和由康定经乾宁、道孚、炉霍、甘孜、德格渡金沙江至昌都与南路会合至拉萨的北路茶道。

4 | 茶叶之路与茶叶贸易

茶叶之路形成于17世纪中叶，大致衰退于20世纪初，是一条通向北部的陆路茶叶贸易线路。1567年哈萨克人把茶叶传入俄国。清康熙1679年，中俄两国签订《尼布楚条约》，条约规定："从黑龙江支流格尔必齐河到外兴安岭直到海，岭南属于中国，岭北属于俄罗斯。西以额尔古纳河为界，南属中国，北属俄国，额尔古纳河南岸之黑里勒克河口诸房舍，应悉迁移于北岸。雅克萨地方属于中国，拆毁雅克萨城，俄人迁回俄境。两国猎户人等不得擅自越境，否则捕拿问罪。十数人以上集体越境须报闻两国皇帝，依罪处以死刑。此约定以前所有一切事情，永作罢论。自两国永好已定之日起，事后有逃亡者，各不收纳，并应械系遣还。双方在对方国家的侨民'悉听如旧'。两国人带有往来文票（护照）的，允许其边境贸易。和好已定，两国永敦睦谊，自来边境一切争执永予废除，倘各严守约章，争端无自而起。"条约有满文、俄文、拉丁文三种文本，以拉丁文为准，并勒石立碑。碑文用满、汉、俄、蒙、拉丁五种文字刻成。根据此条约，俄国失去了鄂霍次克海，但与大清帝国建立了贸易关系。

清政府与俄国签订《尼布楚条约》以后，为了让俄蒙商人来市，在齐齐哈尔城北设立互市地。除划定中俄东段边界线外，还规定"嗣后往来行旅，如有路票准其交易"。当时，交易的主要货品是纺织品和皮毛，茶叶并不在其中。俄国先后派出了11支官方商队远赴中国，1706年商队赚取了27万卢布，彼得大帝为了确保官方商队的利益，规定所有的私人商队必须获得特别批准才能与北京进行交易。后来发现，实际的交易多发生在库伦。1727年8月20日，中俄双方签订《恰克图条约》（俄国称为《布连斯奇界约》），新的条约指定距离色楞格斯克91俄里的恰克图和额尔古纳河旁尼布楚境内的祖鲁海图作为贸易口岸，并禁止俄国商人进入中国境内，禁止继续在库伦和齐齐哈尔做生意。只有政府有权派出商队，但每三年才能派出一支商队到中国去，双方规定采用易货贸易方式，禁止使用货币。计价以畅销货为单位，1800年之前用中国棉布，此后改为茶叶。祖鲁海图因为地理和交通的原因并没有发展起来，恰克图则得到新的发展。俄国政府的商队从恰克图入境，沿库伦——归化（今呼和浩特）——张家口一线进入北京，由此促进了沿途城市的经济发展。

1736年（乾隆元年），清政府规定中俄贸易仅限于恰克图一口，中国商人到关外贸易，必须领取"部票"。由于这个原因，从北京、张家口到库伦、恰克图的商队逐渐增多。张家口到库伦、恰克图运输路线成了有名的"买卖路"。当时，输入的货物有天鹅绒、海獭皮、貂皮、毛外套、牛羊皮革、各种毛纺品、皮革制品等；输出的有布匹、砖茶、面粉、绸缎、纸张、瓷器、烟草、硫黄、火药、铜铁制品

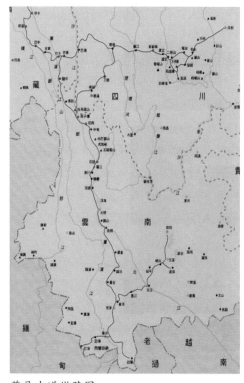

茶马古道线路图

等。由北京经张家口去库伦、恰克图贩运货物的商人，形成了"北京帮""山西帮"，贸易量逐年增加。在恰克图，仅仅茶叶一项的输出额，1727年为25000箱，道光年间（1821—1850）增加到66000箱。茶叶在1850年占了全部输出额的75％。1728年丝织品输出额为白银46000两，棉布为44000两。同时，从恰克图输入的商品也逐年增加。1728年农历一月至七月，双方贸易额在北京的白银为152534两，在边境为7462两，合计白银为159996两，约合224408卢布。1845年双方贸易额增加到13620000卢布，中国成为俄国在亚洲的最大市场。输出的茶叶大部分是由"山西帮"茶商从福建武夷茶区采购，经张家口中转，再经张库大道运往恰克图。

当时，在恰克图经常能遇到这样的场面：在过节的时候，中国买卖城的官员扎尔固齐带领着他的随员和中国商界头面人物到俄国人这边共同庆祝。瓦西里·帕尔申这样写道："扎尔固齐彬彬有礼，对俄国人一般都很客气。交谈通过翻译用蒙古语或满语进行……阴历年的庆祝活动在无炮架的小炮的轰鸣声中开始，然后扎尔固齐通过翻译接受我方边防长官和税务总监的正式新年祝贺。俄国商人也赠给自己的中国朋友小的礼品表示祝贺。买卖城很快就热闹起来了，到处是穿红戴绿的人群……中国人在做买卖上特别固执，坚持要价，他们能为一件东西讨价还价三天三夜而不觉厌烦。俄商对他们也同样强硬，毫不相让。不过，一旦他们当中有一方决定做成这笔生意，这种买卖就像大溃堤一样奔腾向前，市面也随即沸沸扬扬，活跃异常……买卖城的商人几乎全都是中国北方

各省的人。他们与其他省份的人不同,性格特别刚强,或者说的更直率一些,也就是非常地固执,难以说服。他们开玩笑或者说俏皮话,带着浓厚的民族特色。"(引自瓦西里·帕尔申《外贝加尔边区纪行》)

恰克图贸易使中俄双方实现了共赢。道光十七年至十九年(1837—1839)间,仅在恰克图一地,中国对俄茶叶出口每年平均达800余万俄磅,价值800万卢布,约合白银320万两之多;而同期俄国每年由恰克图向中国出口的商品仅600万~700万卢布,中国由此获得大量以白银支付的贸易盈余。1821—1859年间,恰克图俄对华贸易额占俄国全部对外贸易的40%~60%,而中国出口商品的16%和进口的19%都是要经过恰克图的。另外,恰克图贸易为俄方带来巨额的关税收入。1760年俄国从恰克图所收入的关税占全国收入的24%,1775年上升到38.5%。

1861年清政府在汉口开埠后,俄商在汉口陆续设立了阜昌、隆昌、顺丰、沅太、百昌和新泰等洋行。这些洋行除在汉口采办茶叶外,还于1869年派人到羊楼洞一带出资招人包办监制砖茶;后来还在汉口建立了顺丰、新泰、阜昌三个砖茶厂,采用机器制砖,大量运到俄国出口,把羊楼洞茶区变为他们的原料供应地。他们主要生产米砖,也生产一部分青砖。俄商在汉口压制或收购砖茶一般是从汉口顺流而下经上海转运天津,在天津集中整理,再用木船运往通州,从通州用数以百计的骆驼队,经张家口越过沙漠古道运往恰克图,再从恰克图运到西伯利亚和俄国市场。后来俄国调派义勇舰队参加运输,将砖茶直接运往俄国。

马帮

1871年,俄国人在黑龙江成立了阿穆尔船舱公司,在茶叶之路上开辟了一条新的运输线,这条运输线以黑龙江航道为主,向南出黑龙江入海口进入日本海,然后走海路到达天津和长江的入海口上海;溯黑龙江北上则进入乌苏里江,最后由传统的陆路到达茶叶之路上俄罗斯方面的桥头堡伊尔库茨克。

后来,英国人成功地将茶叶贸易转向海路,茶叶之路的利润随即下滑,19世纪40年代从恰克图到莫斯科的茶叶陆路贸易的运输费用至少是每普特6卢布,而从广东到伦敦同样数量的茶叶的海运费却只有30~40戈比,欧洲纺织品运往东方时也同样存在着这样的运费差异,于是欧美货物渐渐地从恰克图市场上消失了。当时，恰克图最重要的贸易品是从中国到俄罗斯的茶叶，恰克图的官员决定把茶叶之路途经莫斯科的陆路运费降低到与途经欧洲的海路运费一样低，于是把关税降低到原来的30％，但是收效不大。到19世纪末期，恰克图基本上变成了西伯利亚人、蒙古人和中国人之间的区域贸易聚集地。

总之，由于海上路线的开通、边界口岸的增多和天津港的对外开放，通过张家口运往库伦、恰克图的货物越来越少。1903年，俄国西伯利亚铁路建成通车，中俄商品运输经海参崴转口，不仅缩短了时间，而且节省了运费，从根本上夺去了张家口至库伦、恰克图的运输业务。

5 ｜ 海上茶路与茶叶贸易

中国茶叶南传到中南半岛，始于明朝郑和下西洋时期。同时，向西传播到非洲、欧洲、美洲，向东则传播至朝鲜和日本。

中国茶叶向中南半岛的传播由来已久。自永乐三年（1405）至宣德八年（1433）的28年间，郑和率众7次远航，途径南洋、西洋、东非等地的30多个国家，加深了中国与世界各地的贸易和文化交流。1610年，荷兰东印度公司的荷兰船首航从爪哇岛把中国茶运到欧洲。

大约6世纪中叶，朝鲜半岛已有植茶，据传其茶种是由华严宗智异禅师在朝鲜建华严寺时传入。至7世纪初，饮茶之风已遍及全朝鲜。

中国茶和茶文化是通过佛教传入日本的。据记载，永贞元年（805）八月，日本留学僧最澄与永忠等一起从明州起程归国，从浙江天台山带去了茶种，茶树开始在日本生根发芽。

大叶种茶树

二
中国茶扎根在世界各地

1 | 中国茶传向朝鲜、日本

在中国茶和茶文化向东方传播的过程中，日本和朝鲜的情况令人瞩目。为什么会出现这种情况呢？这里有几个原因：第一，日本、朝鲜都是文明发展较早的东方国家，一切文献、礼仪多效仿中国，有关茶及文化输入的情况无论中国自身或日、朝两国都有较多详细记载。第二，日本和朝鲜都属于中华文化圈，都以中国文化为母本，通过文献和日、朝文物发掘都可以证明。所以，日、朝两国输入中国茶虽然可能晚于西亚，但却是连同物质形态与精神形态全面吸收。第三，日、朝属于清饮文化系统，两国输入中国茶叶的时间恰与中国唐代陆羽创立茶文化体系相衔接。而且自唐宋到明代茶文化的每一大转变时期，皆能远渡重洋，传播至海外；来华学习的两国学生，常处文化风气之先。

老班章古茶树

　　谈到中国茶传入日本，一般从唐代最澄和尚来华说起。事实上，茶传到日本的时间比这还要早。据记载，日本圣德太子时代，即隋文帝开皇年间，中国的文化艺术和佛教在向日本传播的同时，即于593年将茶传到日本。所以，日本圣武天皇天平元年四月八日（729）（我国唐玄宗时期），日本文献已有宫廷举行大型饮茶活动的记载。据记载，此日天皇召一百僧侣入京讲经，第二天向百僧赐茶。又过70多年，日本天台宗的开创者最澄于804年（唐德宗贞元二十）来华，翌年返国，在带去大量佛教经典的同时带去中国茶种植，在日本近江地区的台麓山附近传播。所以，最澄是日本植茶技术的第一位开拓人，却不是传播茶叶的第一人。

　　日本僧人从中国带去茶叶和茶种的同时，自然也带去了中国的茶饮习俗与文化风尚。日本学僧遗留文献记载，日本僧人空海在日本传播了在中国所学的制茶和饮茶技艺。空海和尚又称弘法大师。他与最澄同年来华（804），但比最澄晚一年归国（806）。他曾在长安学习，自然见识广多，据记载他回国时不仅带去茶籽，还带去中国制茶的石臼，以及中国蒸、捣、焙等制茶技术。他归国后所写《空海奉献表》中，就有"茶汤坐来"的记载。当时，日本饮茶风气因僧人的提倡而兴起，饮茶方法也和唐代相似，即煎煮团茶，又加入甘葛与姜等作料。

　　在日本嵯峨天皇时，畿内、丹波、近江、播磨各地都种植有茶树，并指令每年按时向朝廷送贡品。同时，在京都设置专供宫廷的官营茶园。可能由于茶叶数量有限，这一时期饮茶仅限于日本宫廷和少数僧人，并没有普及到民间。到日本平安时期后，在近200年的时间内，即中国五代至宋辽时期，中日两国来往明显减少，茶的传播也随之中断。不知何种原因，茶在日本一度播种之后，可能又断绝了。直到南宋时，才由日僧荣西和尚再度引入日本。荣西14岁出家即到日本天台宗佛学最高学府比睿山受戒，到21岁时便立志到中国留学。南宋孝宗乾道四年（1168），荣西在浙江明州登陆，遍游江南名山古刹，并在天台山万年寺拜见禅宗法师虚庵大师，又随虚庵移居童山景德寺。此时南宋饮茶之风正盛，荣西得以领略各地风俗。此次来华，荣西一住就是19年。后来他回国一次，不久再次来华，又住6年。荣西在华前后共达24年之久，最后于宋光宗绍熙三年（1192）回到日本。因此，荣西不仅懂一般中国茶道技艺，而且得悟禅宗茶道精髓，这也就是为什么日本茶道特别突出禅宗苦寂思想的重要原因之一。荣西回国后，亲自在日本背振山一带栽种茶树，同时将茶籽赠明惠上人播植在宇治。荣西还著有《吃茶养生记》，从内容看，特别对茶的保健及修身养性功能高度重视，深得陆羽《茶经》之理。所以，荣西是日本茶道的真正奠基人。元明时期，日本僧人仍不断来华，特别是明代日本高僧深得明朝禅僧和文人茶寮饮茶之法，将二者结合创"数寄屋"茶道，使日本茶道仪式臻于完善。

　　综合上述情况，可知日本既引进了中国植茶、制茶、饮茶技艺、茶道精神等多方面的内容，又据自己的民族特点进行了改造。因而，在日本保留中国古老的茶道艺术并形成中国茶文化的一个分支，也就不足为奇了。

从各种文献记载看，中国茶叶传入朝鲜的时间都要比传入日本要早得多。有人甚至认为，汉朝渡渤海征辽东占领朝鲜半岛的乐浪、真番、昭屯时，汉代文人饮茶习俗就已经传入。这种说法可能是因为朝鲜保留的中国汉代文献中发现有"茶茗"的记载。不过，汉代典籍流入朝鲜，不能完全证明茶传入朝鲜。中朝两国有久远的历史渊源，经常互相遣使不断。或许朝鲜使节来华，对中国饮茶情况略知一二倒有可能。比较可靠的记载，是在新罗时期中国茶传入朝鲜。在四五世纪时，朝鲜有高丽、百济、新罗等小国。公元632—646年，新罗王统一三国，进入新罗时期。这时便从中国传入饮茶习俗，同时学会茶艺。朝鲜创建双溪寺的著名僧人真鉴国师（755—850）的碑文中就有："如再次收到中国茶时，把茶放入石锅里，用薪烧火煮后曰：'吾不分其味就饮。'守真忏俗都如此。"可见，在这一时期，饮茶已作为朝鲜寺院礼规。而从李奎报（1168—1235）所著《南行日记》中，则可看到李已熟知宋代点茶之法。其文曰："……侧有庵，俗称蛇包圣人之旧居。元晓曾住此地，故蛇包迁至此地。本想煮（茶）贡晓公，但无泉水，突然岩隙涌泉，其味甘如奶，故试点茶。"由此可知，此时朝鲜僧人煮茶，不仅用于礼仪，还讲茶艺，论水品。828年，新罗来中国的使者大廉由唐带回茶籽，种在智异山下的华岩寺周围，从此朝鲜开始了茶的种植与生产，至今朝鲜全罗南道、北道、庆尚南道仍生产茶叶，有茶园2万多亩，产茶约3万多担。茶叶的种类有我国的钱团茶、炒青、雀舌等品种，也有日本的煎茶、抹茶。

由此可见，朝鲜也是一个全面引入中国植茶、制茶、饮茶技艺和茶道精神的国家。与日本不同的是，日本注重完整的茶道仪式，而朝鲜则更注重茶礼，甚至把茶礼贯彻于各阶层之中。

2 | 中国茶两宋时期传向南亚诸国

中国茶两宋时期传入南亚各国。北宋在广州、杭州、明州、泉州设立市舶司征榷贸易，广州、泉州通南洋诸国，明州则有日本、朝鲜船只往来，当时与南洋交易时输出的货物中就有茶叶。南宋与阿拉伯、意大利、日本、印度各国贸易，外国商人经常来往于中国各港口。当时的泉州和亚非的一些国家贸易频繁，是主要的对外港口，这时福建茶叶已大量销往海外，尤其是南安莲花峰名茶（今称石亭绿茶）有消食、消炎、利尿等功效，是向南亚出口的重要产品。

元朝时期，由于朝廷出师海外，用兵南洋诸国，茶叶逐渐输入南亚诸国，这时福建茶叶仍主要向南洋销售。南洋许多国家吸收了我国茶与饮食结合的方法，许多地方当时以茶为菜，茶成为不可缺少的食物。

到明代，郑和七下西洋，遍历越南、爪哇、印度、斯里兰卡、阿拉伯半岛和非洲东岸，每次都带有茶叶。这时，南洋诸国饮茶习俗已经十分普遍，不仅输入中国茶叶成品，还从中国引进种茶技术。早在7世纪，印度尼西亚的苏门答腊、加里曼丹、爪哇等地即与我国来往，到16世纪开始种茶，主要产自苏门答腊。后来，又于1684年、1731

年两度大量引进中国茶种，后一次种植尤其见成效。印度人的茶叶也是由我国西藏传播去的。有人估计唐宋时期印度人已经开始学习中国吃茶的方法。到1780年东印度公司从广州输入印度部分茶籽，1788年又再次引种，这才使印度逐渐成为世界产茶大国之一。

南亚诸国与中国茶的关系密切，特别是由于大量华侨的迁入，饮茶习俗也与中国很相似，属于绿茶调饮系统。至于以茶佐餐、以茶待客、茶馆茶楼更与中国相仿。然而，正因为相似太多反而不如日本和朝鲜的茶道、茶礼个性明显。

随着南亚诸国饮茶风俗的兴起和大量中国茶的输入、引种，这些国家逐渐成为中国茶经过海上通往地中海和欧、非各国的中界地，自元明之后真正形成了一条通向西方的"茶之路"。西方国家以南亚诸国为中界地，引入中国种茶、制茶技术，然后利用东南亚有利的自然条件和廉价劳动力大量生产茶叶，再由这些国家运往欧洲销售。这在明代和清初，要比直接与以老大自居的中国进行茶叶贸易要划算得多。所以，南亚诸国种茶、饮茶之风的大兴，一方面是中国茶文化的延伸，同时又是中国茶文化向西方发展的前奏。如果没有这个地区种茶、饮茶之风的兴盛，中国茶要冲出亚洲，走向全世界是难以想象的。也正因为如此，研究南亚诸国饮茶风情及其对西方的影响是一个重大茶学课题。可惜，时至今日，茶人们对这方面还研究的不够，知之甚少。

七彩云南位于勐海的万亩有机茶园

3 | 亚洲茶文化圈体系的形成

我们通过以上情况可以看到，中国茶从5世纪开始外传，17、18世纪南亚诸国逐渐成为中国茶向西方发展的中继地，在1000多年中已经逐步形成一个以中国为中心的亚洲茶文化圈。

总体上看，亚洲茶文化圈大致有三大体系。

第一个体系是中国北方的蒙古、俄罗斯亚洲部分以及中国西部的中亚和西亚国家。这些国家实际上很早就引入了中国茶，但大多与乳饮文化相结合，所以表面看来中国茶文化的影响似乎不大。事实上，情况并非如此。亚洲北部国家和西部国家是通过中国古代北方民族为中介学习中国茶文化的。我国北方民族性情豪放，大多重武轻文，对中华腹地和南方儒雅的饮茶之风不大习惯。但这并不等于北方民族没有接受中国茶文化的精神。我国北方民族勇猛剽悍、重情重义，普遍习惯以乳饮、酥油茶、蜜茶、茶点表示友谊、敬意。随之，这些习俗自然而然传布到相邻国家。所以外蒙古与我国蒙古族茶俗很相似。俄罗斯境内一些古代牧猎民族多少也吸收了奶茶文化。西亚许多国家的饮茶习俗大多从我国新疆地区传入。

比如阿富汗，尊重传统，信仰伊斯兰教，把茶当做人与人之间的友谊桥梁，常用茶沟通感情，用茶培养团结和睦的风气。阿富汗和大多数信仰伊斯兰教的国家一样，多以牛羊肉食为主，红绿茶皆饮，夏季饮红茶，冬季反而饮绿茶。这样一来，茶便成为阿富汗人生活的必需品。所以，阿富汗到处有茶店。而家庭多以铜制圆形茶炊来煮茶，与中国火锅类似，与俄国茶炊也相像。底部烧火，亲友相聚，围炉而饮，颇有东方大家庭欢乐和睦的感觉。阿富汗人与我国新疆地区一样习惯喝奶茶，但又不像蒙古奶茶，阿富汗人是先将奶熬稠，然后舀入浓茶搅动并加盐，这是民间的习惯。但是，有客人来时，无论城市与农村，都与中国礼俗相仿，总是热情地说："喝杯茶吧！"而且饮茶也有"三杯"之说，第一杯在于止渴；第二杯表示友谊；第三杯是表示礼敬。这些习俗与我国的一些地方习俗，如"三杯茶""三道茶"都很相像。其实，不仅阿富汗，许多阿拉伯穆斯林国家也有与此相仿的习俗。

第二个体系是日本和朝鲜。总的来说，这两个国家受中国儒家思想影响很深，大体接受中国文人茶文化和佛教禅宗茶文化。但两国也有所区别，日本重于禅，因而强调苦寂、内省、清修，以调节其民族紧迫感；朝鲜则重礼仪，把茶礼贯彻到各阶层之中，强调茶的亲和、礼敬、欢快，以茶作为团结本民族的力量。

第三个体系是和中国南方民间饮茶习俗相似的南亚诸国。由于这些国家华侨众多，其茶文化思想大多直接从中国带去。再通过印度尼西亚、印度、巴基斯坦、斯里兰卡等国，茶风又进一步西渡，使单项调饮（加一种调料而不是像我国云南等地加多种）的习俗又渐播到西方。这样，便形成了一个以茶的亲和、礼敬、平朴为特征的放射状东方茶文化圈，它明显有别于西方。而在西方现代工业文明充满浮躁的社会情况下，东方的茶文化确实是一服清醒剂。所以，这个文化圈定会不断扩大，在未来世界发展中将有重大意义。

四、日本茶道形成四阶段

日本是一个十分善于学习的民族。日本的许多文化思想最初大多来自外国。但一经移植到本土，又总是善于创新整合，形成自己的特点，使其更符合自身需要，从而带上明显的"大和民族"特色。茶文化的情况也是如此。早期，主要是直接向中国学习、移植，经过一个长期学习、思考的过程才消化吸收，最后形成了日本独特的茶道。这一过程大致可以分四个阶段：

第一阶段：引进中国茶道

这一阶段大约在7、8世纪到13世纪之间，相当于中国隋唐到南宋，是日本认真学习和大量输入、移植中国茶文化的时期。隋朝时期，日本人已经对我国的饮茶风气有所见闻，但从唐代才开始全面学习中国饮茶的风俗习惯。最初，可能是由僧人带回一些茶叶成品，向日本宫廷敬献，作为猎奇品看待。到唐朝中期，最澄来华时不仅带回中国茶种，而且在日本寺院推广佛教茶会，才引入较多茶文化内容。但是，中国茶文化在唐代也是刚刚兴起的新事物。所以最澄等人还不可能了解更多茶文化的内容。

在日本全面宣传中国茶文化，奠定日本茶文化基础的，应该是荣西和尚。荣西和尚两度来华，在中国居住长达24年，他和他的僧友，无论是学习中国的佛学理论或是茶学道理，都十分虔诚。他不仅游历了许多名刹，请教过许多高僧，而且对民间的市肆、茶坊也都有所见闻。所以，他学习的已不仅是一般烹茶、饮茶方法，更能从一定禅学茶理上对中国的佛茶文化有大概的了解。正如他在自传中所写，他曾"登天台山见青龙于石板，拜罗汉于并峰，供茶汤而感现异花于盏中"。龙是中国文化的象征，龙出现于中国禅宗寺庙中，证明自印度等国传来的佛教已完全中国化了。而所谓向罗汉供茶，感觉有花朵从杯中显现，据说只有在一定功态下才有这种感觉，可见荣西当时修炼十分认真虔诚。但是，从荣西归国后所写《吃茶养生记》的内容来看，他的研究还没有全面吸收中国唐宋以来茶文化学理，对儒、道、佛诸家在茶文化中的茶道精神还涉足不多，只是重点吸收了陆羽《茶经》中关于以茶保健和烹调器具、技艺方面的内容。对陆羽二十四器中所包含的修齐治平的道理、天人合一的宇宙观和儒家的伦理道德原则很少涉及。但对道家的五行思想，如用五行解释东西南北中的关系，解释人的肝肺心脾肾等内容却相当重视。对茶学的知识也着重其自然功能和对养生保健的好处，许多内容是摘录陆羽的

《茶经》，把茶的名称、形状，中国历史文献中关于饮茶功能的记载，以及采集、制造等都作了简单介绍。从某种角度说，可以说是陆羽《茶经》的简译本。他认为"茶者养生之仙药也，延寿之妙术也"。可见在这一阶段，日本茶人向自己国内介绍的，一是佛教供茶礼仪，二是茶的养生保健功能，而尤以后者为重，还看不出日本茶文化的独立创造。

第二阶段：吸收中国茶道精髓

这一阶段的时间大体相当于中国的元代，而在日本称为南北朝时期，是日本思考、吸收、摸索中国茶文化的时期。元代时期，日本僧人来华尽量仿效汉人习俗，许多人成为"汉化的日本人"才回国。那时，中国因为蒙古族的统治对国内儒学有所压抑。这时，宋代的龙团凤饼等精细茶艺因过于繁复已不多见，文人茶会多效唐代简朴风气。而深受中国古老文化影响的日本人则更仰慕秦汉唐宋之风，所以日本僧人多向汉人学"唐式茶会"，包括烹调技艺、茶会形式、室内装饰、建筑等多个方面。此时，正当日本的南北朝时期，许多日本文人潜心研究中国宋代朱子理学，虽说是"唐式茶会"，实际上又包含了大量的宋代茶艺内容，这从日本人所著《吃茶往来》和《禅林小歌》中可以看到详细的描绘，尤其在禅林和武士中间，饮茶成为一时风尚。从两书和其他记载来看，当时的"唐式茶会"主要内容有：

（1）点心

点心本是中国禅宗用语，是两次饮食间为安定心神添加的临时糕点。而日本茶人却用来开茶之用。点心所用各种原料多由日本到中国的学僧带回，客人相互推劝，"一切和中国的会餐无异"。就像当今中国青年"留洋"归来，带几瓶法国白兰地、美式咖啡供友人欣赏一样。

（2）点茶

点心稍息之后，"享主之息另献茶果，梅桃之若冠通建盏，左提汤瓶，右曳茶筅（搅茶用的刷子，唐宋之时有银制、竹制等，日本多以竹为之），从上位至末座，献茶次第不杂乱"。从这一记载看，当时进行的是抹茶中的点茶法。

（3）斗茶

宋代流行斗茶，来比较茶的优劣。日本人也效仿斗茶这种形式，一方面是娱乐，同时也为了推动和宣传日本种茶、制茶的技艺。当时栂尾等地产茶，日本人用斗茶来鉴别本国茶叶的种类、产区和优劣，开始摸索适合国情的茶叶技术。

（4）宴会

日本的所谓"唐式茶会"，并非我国真正的唐代饮茶方法，而是掺杂了唐代茶亭聚会形式和宋代点茶、斗茶的方法，加上我国北方民族以茶点与进茶相结合的礼仪，把这些内容糅合在一起的一种"杂拌"货。这就像中国近代以来学习西方文化，常在似与不似之间。然而，正是这"四不像"才开始体现出一种吸收、摘择的过程。后来，到了日本室町幕府时期，这类茶会便发生变化，开始把茶亭改为室内的铺席客厅，称为"座敷"，贵族采取"殿中茶"，平民则称"地下茶"。这时就开始出现了日本族独创的茶文化。在茶会功能上，这一时期也是多方引进中国茶文化的内容。有的是交际娱乐，体现中国"以茶交友"；有的是僧人茶会，也效法禅宗以茶布道；有的用茶会解决纠纷，就像当今我国四川乡间的"茶会法厅"。日本民间还有"顺茶""云脚会"等，也可以从我国江南民间找到踪迹。

第三阶段：日本茶道初创

这一阶段在日本东山时期，是结合自己民族特点对茶文化有所开创的时期。这时，日本茶文化已向大众化趋势发展。一般而言，凡是深入民众的东西都要结合本民族的特点才可能被大众接受。所以，到日本东山时期，日本人逐渐把茶文化与自己的民族精神相结合，茶文化开始进入一个新的时代，于是产生了村田珠光的"数寄屋法"。"数寄屋"是日本民间茶会，又称"顺茶"，类似今天我国湖州地区的"打茶会"。无论我国的"打茶会"，还是日本的早期的"顺茶"，原本都要突出欢快的含义。但是，日本大和民族随时都有岛国的"危机感"，所以村田珠光突出了这一点，仍以"顺茶"形式出现，但表达的不是欢快，而是着重吸收我国禅宗的"苦寂"意识和"省定""内敛"等特征，强调"禅的精神"，把到"数寄屋"饮茶作为修身养性和节制欲望的一种方法。只有呈现出这种精神内容，才可以称之为"茶道"。尽管这种日本"茶道"并没有得"道"之真谛，较中国"道"的含义也要狭窄得多，但毕竟向前迈进了一大步。

第四阶段：日本茶道形成

第四阶段大约在16世纪末，是具有本民族独立特色的日本茶道创立时期。千利休（1521—1591）继承历代茶道精神，创立了日本正宗茶道——"陀茶道"。千利休的老师武野绍欧才是村田珠光的直接继承人，他是第三代弟子。千利休原来是一个普通的富商，不是贵族的门第势力，他对茶道却有着特殊的天才。当时，日本国内群雄争霸，战乱不休，已进入所谓的"战国"时期。所以，人们厌恶战乱而希望和平，虽然不能马上实现和平统一，但在心理上却非常期望。日本几个小岛本来就处境困难，分裂也不是民众的愿望。所以，千利休想通过茶室提倡和平、尊敬、寂静，提醒人们随时反省，期望统治者不再继续纷争下去。他为了达到这一目的，对原有的"数寄屋"作了许多改进，改进后称为"陀茶道"：提出以"和敬清寂"为日本茶道的基本精神，"和敬"表示对来宾的尊重；"清寂"是指恬淡、闲寂的审美观。要求人们通过茶室中的饮茶进行自我反省，沟通彼此的思想，在清寂之中去掉自己内心的尘垢和彼此的芥蒂，达到和敬的目的。

千利休为了营造特定气氛，达到精神上的目的，特地设计了别开生面的茶室。当时的豪门住室一般比较宽敞，而千利休却专门把茶室造成小间，以四叠半席为准。在这种很小的空间里，却要划分出床前、客位、点前、炉踏达等五个专门的地方。然后是采用非对称原则精心布置室内出入口、窗子等位置，典型的日本茶室入口很小，需伏身进入，小室内不仅洁净，各种窗子位置、花色都多有变化。在茶室外型上，一般采取农家中古时的茅庵式：中间一根老皮粗树为柱，上以竹木芦草编成尖顶盖，增添一些田野情趣。在茶室入口还安置一些石灯、篱笆、踏脚、洗手的地方，使人没有入室就产生雅洁的感觉。

全面吸收中国唐宋点茶器具与方法，日本至今还保留有陆羽"二十四器"中的二十种。这样做是为了让人经历一个有条不紊的洗器、调茶过程，使人逐渐安静下来。

设计每次茶会的对话主题，在洗器、点茶过程中，主客应答，从而通过茶艺回忆典籍、铭文，把人们引入一个古老肃穆的氛围之中。

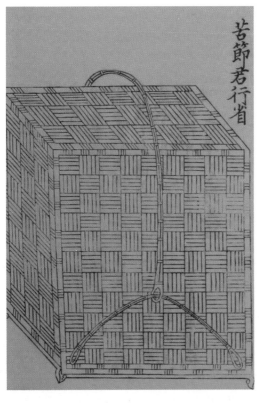

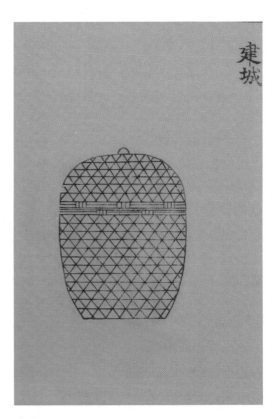

苦节君行省　　　　　　　　　　　建城

　　仍然沿用原来"顺茶"中的点心，但称之为"怀石料理"，即一些简单饭菜。"怀石"是禅宗语言，本意是怀石而略取其温，这里是取点心"仅略尽温饱"之意，以示简朴，从中追求苦寂的意境。

　　从这些细节不难看出，千利休别具匠心地设计了这套日本茶道。茶室寓意一种小社会，有我国道家返璞归真的味道。不同的是，道家要求返归于广大的自然宇宙，而千利休是从繁乱争吵的社会中特意设计一块净地。当时，因为织田信长正开始日本统一的步伐，他想借茶道向被征服区推行一种新文化，就指定千利休为三大茶头之一。于是，陀茶法得到大力推广，一直延续至今。这就是今天日本茶道的由来。但是，茶道在日本也只是一种精神仪式，日本民间其实并不这样喝茶。

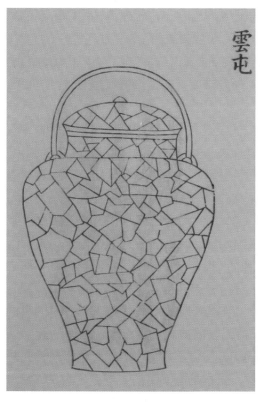

云屯

乌府

5 │ 中日两国茶文化的比较

任何一个民族在引进外来文化时都有一个学习、思考、吸收、融化的过程，日本学习中国茶文化也是如此。日本茶道是既吸收了中国唐人茶艺、宋代禅宗茶道思想、中国民间打茶会的形式，又结合了本民族的特点，变化而来。在茶艺器具、点茶过程、思想精神等各个方面，都可以看到与中国茶文化源与流的关系。但是，日本人民也有自己的创造，他们结合自己岛国民族所遇到的各种问题，把复杂的中国茶文化从各个角度摘取几支，安排到一个茶室，浓缩到三四小时的仪程之中。从这一点看，日本民族善于吸收、整理外来文化的长处也表现的非常明显。

从整个茶文化结构来看，中日之间并不容易比较。中国茶文化历时久远，不仅有茶艺、茶道精神，受到儒、佛、道各个流派的影响，形成了不同民族、不同地域、不同层面的茶文化的庞大体系。而日本，茶文化的历史演变比较简单，早期多直接移植中国的东西，后来所谓的流派只是发展过程中的演变情况。现在，日本表演茶道多重程式与器具，华丽的和服、繁杂的器皿很难让人体会出日本古茶道的"清、寂"特点，说有"和、敬"倒还可以，但日本的历史又总使人感到这种"和"与"敬"有不少修饰的成分。所以，将中日茶道从文化学角度全面比较有一定难度。但是，日本茶道有自己的特点，还是可以与中国茶文化比较。

我们从民族个性、美学意境、茶道精神、源流关系方面，对中国茶文化与日本茶道进行初步探讨、比较。比较就是寻找共性与个性。关于共性，因为日本茶道是吸收中国茶文化多种因素演变而来，从日本茶道的形成过程就可看出大概脉络。因此，本节侧重于讨论个性。从这一角度来谈，一般以为中国茶文化与日本茶道有以下几点差异：

第一，中国茶文化是一个庞杂的大体系，日本茶道则是在吸取中国茶艺形式、茶道精神的基础上再根据自己民族特点创立的茶文化分支。中国茶文化包括一个庞大的体系，在不同历史时期又有不同的茶道流派。中国的"道"字不同于日本的花道、柔道之类，这些在中国只能称"术"或"技"。虽然一术、一技也包含精神，但这与中国茶道相比差距很远，因为中国茶道不仅包含儒、道、佛各家的精髓，还把茶艺、茶道的有机融合，并贯彻到全民族饮茶礼俗当中，成为一种民族精神。虽然日本的茶道的美学意境、精神原则和技艺程序都比花道、柔道完整精美，但仍不能与中国茶文化体系相提并论。如果把中国茶文化比喻为一个美丽的大园林，日本茶道就像是一亭、一池或一树。这并非贬低日本茶道，也不是出于民族偏见，更不是标榜我国茶文化的博大，而是一种事实描述。

日本人善于学习，通过对外来文化的多方吸取、多次改造，再参照自己的情况把各种外来文化融合，从而形成日本民族的文化特征。日本茶道就是一个例子。日本茶室显然是效法陆羽茶亭的"方丈之地"，但又不同于方丈；日本的"怀石料理"，由中国禅宗"点心"和"怀石"结合而来，但已经不再是点心，也不再是怀石。日本茶具是仿陆羽二十四器，但陆羽却说豪门大族与文人偶尔相聚所用器具大有不同，可酌情减略，说明中国茶道内容广泛、情况多变。从礼数来看，日本茶道严格的礼数也是其国情决定的。如果说中国茶文化是百家争鸣、百花齐放的局面，日本由于环境、条件、历史道路不同选择了比较单一的道路。它源于中国，但又形成单独的一支，具有自己的特点。

第二，中国茶文化发展到后来体现出儒、道、佛多源合流的趋势，而日本茶道则突出了中国禅宗的苦寂，内容比较单一。至于吸收儒家的"和、敬"，日本茶道也是有限度的、对内的，局限性比较大。这种情况的出现与日本的岛国意识有很大关系。岛国日本面积不大，人口在不断增加，想求生存、求发展非常不容易。所以，日本人尊崇武士道精神，他们要在苦寂中顽强跋涉。又由于人口密集，需要人际关系的协调，所以日本人强调"忍"。在这种民族环境中，他们不可能把中国儒、道、佛各家全盘吸收。比如中国儒家的宽容、道家的天地人和谐发展等，在日本很难做到。所以，他们以学习中国禅宗思想为重点，兼收儒家和敬思想的部分内容完全可以理解。日本古典的茶室入口很低，一般要伏身而行，体现了日本人的隐忍精神；同时，以树干为柱，以竹木、茅草为顶，提醒人们不要忘记苦难的生活。随时都有紧迫感、危机感，正是日本民族的特点。

第三，日本茶道的审美情趣讲求不对称、不平衡，而中国则以道家五行和谐与儒家中庸原则为前提。如日本的茶道室内，故意在地上地下，开一些不对称的窗，配有各样的色彩。室外，人们在紧张的纷争；入室，则要求绝对宁静平和。平时可以豪华，茶道却要求简朴。这一切都不对称，不和谐。但是，正是以茶道中的不对称来提示人们现实中的不平衡。虽然千利休创造日本茶道是为了企盼自己民族的和谐、亲敬，但社会历史是严酷的，支持千利休的织田信长逝世之后，其继承人丰臣秀吉仍是以武力统一全国，战争与暴力与"和敬"二字完全背道而驰。千利休受到这样的打击，只好以剖腹自杀来表示自己"和敬清寂"的理想。所以，日本茶人在茶道的创造过程中也曾经付出了血的代价。

第四，中国茶文化的思想内容博大精深，给人们留下了许多选择发挥的余地，各阶层的人可以根据自己的情况和爱好选择不同的茶艺形式和思想内容，并不断加以发挥创造。所以，中国茶可以成为全民族的风尚，而日本茶道则很难做到。出现这种情况，除了因为日本茶道的组织形式有很大局限外，也因为日本茶道内容比较简单、程式要求十分繁复，一般人不易学习。

千利休以奔放的想象、顽强的独创精神创造了日本茶道，但后期可能是因为明显感到这种精神理想很难被日本的现实社会所容纳，在组织形式上又制定了严格的条规，采取师徒秘传的授道方法和嫡系相承的领导形式。到18世纪江户幕府时代，茶道的继承人还只能是长子，代代相传，称为"家元制度"。他们的子孙又不能不分成许多流派，如现在最大的流派是里千家茶道。这种流派因为很少与社会文化交流、结合，便很难从精神上有更多的丰富和创新。因此，到后来日本茶道日益倾向程式化，反而忽略了茶道创始者所苦心探索的茶道精神。当然，日本茶人并没有完全忽略时代的进展，在不同时期也进行了一些改革。例如，以前的茶道拒绝女性参与，而自明治维新以后茶道对女子开放，取得了很大成绩。近代以来，随着日本经济的发展，迈入世界经济强国的行列，更加注重整理、宣扬自己的民族文化传统，于是出现了许多新的茶道方式。比中国近代以来茶文化的发展的情况要好，但近代以来日本的茶道思想仍然比较单薄。

从表面看，中国茶道自近代以来，传统的茶艺形式趋于淡化，甚至有"失踪"现象，但茶道精神却更加广泛地深入民间，民间各种茶会、市民茶馆文化、边疆茶礼日见兴旺。近年来，一般的茶事活动也大量增加，规模日益扩大，而且许多古老的茶文化形式又得到重新发掘和整理。总的来看，茶艺活动又焕发出新的活力，如城市里的茶社、茶馆、茶楼开始复兴，福建恢复了宋代斗茶等等，出现了一种更高层次上的茶文化"复归"现象。中国作为茶文化的故乡，表现出了更深厚博大的潜力。

6 | 朝鲜茶礼与中国儒家礼制

朝鲜与中国的关系比日本更为密切。因此，朝鲜文化与中国传统文化非常相似，尤其受到中国儒家礼制思想的影响。朝鲜自称"礼仪之邦"，其长幼伦序，礼仪之道，在人们心目中的影响深刻久远。所以，朝鲜重点学习、吸收了中国的茶礼文化。早在新罗时期，朝鲜就在朝廷的宗庙祭礼和佛教仪式中运用了茶礼。例如首露王第十七代赓世级干时，曾规定用三十顷王田供应每年的宗庙祭祀，主要物品是糕饼、饭、茶、水果等，其中就有茶。

新罗时期朝鲜佛教主要尊崇中国的华严宗和净土宗。朝鲜华严宗以茶供文殊菩萨，净土宗则在三月初三"迎福神"日用茶供弥勒。但是，新罗时期的茶礼也主要是效仿中国习俗。高丽时期，朝鲜茶礼已经在朝廷、官府、僧俗等各个社会阶层普及。这时，韩国普遍流行中国宋代的点茶法，茶膏、茶磨、茶匙、茶筅等环节都像中国，但整个程序更为简易。

在朝鲜，重要活动也都有茶仪。在传统节日燃灯会、八关会，以及迎北朝诏使仪、祝贺国王长子诞生仪、公主出嫁仪、曲宴群臣仪等情况下，进茶都是重要内容之一。

八关会是由朝鲜朝廷主持的传统节日。所谓八关，是供天灵、五岳、名山、大川、龙神，可以说是杂中国泛神主义之总汇而成，由高丽太祖王所建制，太祖王曾在《训要》第六条中说："朕非常希望的是在于燃灯和八关。"八关会又分为八关小会和八关大会。八关小会是每年阴历11月14日，由太子和上公主持，其中有持礼官劝茶和摆茶饭的礼节。八关大会则在次日举行，至时上茶饭、摆茶。

以茶礼招待使节，在中国宋辽金之时非常盛行，高丽时期也用于招待使节。公主出嫁使用茶仪，也是从我国宋代开始。其余如重型对奏仪、元子诞生仪、太子分封仪、曲宴群臣仪等，则可能是结合高丽情况加以应用和创造。

高丽时期的朝鲜佛教主要有戒律、法相、涅槃、法性、圆融五教。这时除新罗时期崇尚的华严宗之外，天台宗和禅宗佛教也逐渐占上风。因此，中国禅宗茶礼在这一时期成为高丽佛教茶礼的主流。与新罗时期相比，这时候的和尚们不仅以茶供佛，还要把茶道用于自己的修行。这时，中国唐代百丈怀海的《百丈清规》已流传到高丽，后来又有传入元代德辉禅师版本的《敕修百丈清规》。宋人的《苑林清规》、元人的《禅林备用清规》等书籍也都流传到高丽。这些文献中都有关于佛教茶礼的规定，如主持尊茶、上茶、会茶，寮主供茶汤，还有吃茶时敲钟、点茶时打板、打茶鼓等，皆成为朝鲜效仿的蓝本。

宋朝的朱子家礼在高丽时期流传到朝鲜，随之儒家主张的茶礼茶规也在14～15世纪间开始在朝鲜民众中推行。朝鲜民间的冠婚丧祭都用茶礼。

虽然在《高丽史》中有关茶的多处记录说明朝鲜早在高丽时期就全面学习了中国茶文化，但朝鲜在学习过程中并没有全面照搬，而是重点吸取了中国茶文化的茶礼、茶规。到朝鲜时代，除继续发展茶礼外，民间的茶房、茶店、茶信契、茶食、茶席等也发展起来。

总之，朝鲜茶文化经过上千年的流传发展，逐渐形成了以茶礼为中心、以茶艺形式为辅助的茶文化特点。近代以来，朝鲜人爱茶重礼之风不仅没有因为日本帝国主义的入侵而消亡，近年来反而成为提倡和平、团结、统一的重要手段。近年来，朝鲜又发起"复兴茶文化"的运动。特别是在韩国，有不少学者、僧人不仅研究朝鲜茶文化的历史，而且成立了研究组织，重新研究其茶文化精神、茶礼、茶艺，茶的精神进一步鼓舞着朝鲜人民团结、和谐的精神，成为推动和平统一的进步力量。茶能被提高到国家、民族兴亡的重要高度，是其他饮食文化所难以比拟的。

7 ┃ 欧洲人的饮茶习俗

西方人虽然没有形成茶文化体系，但受到中国茶文化的影响，也有饮茶的风俗。

中国人饮茶的各种传说在茶的流传过程中自然也流传到了国外。据说著名的法国小说家巴尔扎克曾得到一些珍贵的中国名茶，他说这茶是中国皇帝送给俄国沙皇，沙皇赏赐于驻法使节，这使节又转送于他。所以他格外珍惜，非至友不能与之分享。每有好友到来，他总是非常认真地泡上一杯中国茶，然后讲一个美丽动听的中国故事，说这茶是由最美丽的中国姑娘在朝阳升起以前，唱着动人的歌，像舞蹈一般的运用手足才采制出来的。巴尔扎克凭着一个小说家的艺术嗅觉，捕捉到中国茶文化中关于人与自然相契合的思想痕迹。那时，法国人很爱喝茶，尤其是法国姑娘爱喝中国红茶，她们认为喝了中国的茶可以让身材变得苗条。

西方最早对茶文化表达赞美的大概是英国。大约在17世纪60年代，葡萄牙的卡特琳娜公主嫁给了英国皇帝查理二世，成为卡特琳娜皇后。她不仅自己饮用出嫁时从葡萄牙带到英国的中国红茶，还宣传茶的功能，说饮茶使她身材苗条起来。这消息引起了一位诗人埃德蒙·沃尔特的激情，便作了一首题名《饮茶皇后》的诗献给查理二世，这大概是第一首外国的"茶诗"。诗曰：

花神宠秋色，嫦娥矜月桂。
月桂与秋色，美难与茶比。
一为后中英，一为群芳最。
物阜称东土，携来感勇士。
助我清明思，湛然去烦累。
欣逢后诞晨，祝寿介以此。

　　虽然这诗经过译者的加工，加上了不少中国味，但大意基本如此，说明英国人把茶与最美好的事物联系到了一起。直到今天，英国仍是一个十分讲究饮茶的国家。英国人爱喝午后茶，请客人喝午茶更是一种礼仪。英国人不仅爱中国的茶，也很喜爱中国的茶具。1851年，英国海德公园大型国际展览会上曾展出了一个英国女王维多利亚时代使用过的中国大茶壶。此壶现藏于伦敦川宁茶叶公司茶叶博物馆，高约1米，重27千克，容量为57.3千克，可泡2.3千克茶叶，能斟出1200百杯茶，是目前世界上少见的巨型茶壶。这个大茶壶如何传到英国已无法可考，但从其釉彩和画里面中国人种茶、采茶、烤茶及海路运茶出口图画来分析，可能是清代为随同茶叶出口专门制造的茶壶。

水槽

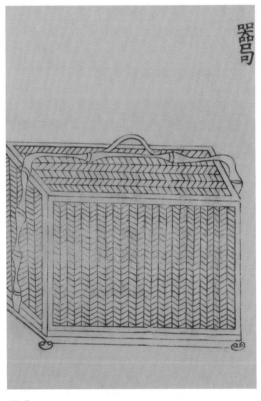

器局

虽然中国人爱饮茶，但还比不上英国人的平均用量。据统计，世界上饮茶最多的是爱尔兰人，每人平均每年饮茶都在10千克以上。英国人爱喝红茶，饮茶方式也比欧洲其他国家讲究。红茶有冷热之分。热饮加奶，冷饮加冰或放入冰柜。冰茶须浓酽，才能味香可口。茶具尽量模仿中国，讲究用上釉的陶器或瓷茶具，不喜欢金属茶具。煮茶也颇有讲究。水要生水现烧，不能用落滚水再烧泡茶。冲泡先以水烫壶，再投入茶叶，每人一茶匙，冲泡时间又有细茶、粗茶之分。

中国古代以茶助文的思想在英国也有所表现。据说，18世纪的大作家赛缪尔·约翰生，每日要饮40杯茶以助文思。不仅如此，茶在英国还影响到各个社会阶层。上层社会有早餐茶、午后茶。火车、轮船、甚至飞机场都以茶供应过客，一些宾馆也以午后茶招待住客，甚至在剧场、影院休息时也饮茶。普通家庭则把客来泡茶作为见面礼。可以说，英国和中国一样把茶称为"国饮"。到18世纪末，伦敦有2000个茶馆，还有许多"茶园"，成为名流论事、青年交际的最佳场所。所以，有人认为中国近代的茶园是学习英国而来，从中可以窥见东西文化交流的痕迹。

荷兰也是西方最早饮茶的国度之一，早在17世纪便凭借航海优势从爪哇转运中国绿茶回国。在荷兰，饮茶起初主要用于宫廷和豪门，作为一种养身和社会交往的高层礼仪，是上层社会炫耀阔气、附庸风雅的方式。这时，中国的茶室也传入荷兰，只不过不是由茶人或茶童操持，而作为家庭主妇表现礼节的手段。后来，茶文化从上层社会进入一般家庭，也像中国南方一样早茶、午茶、晚茶的习惯。有客人来，主妇要以礼迎座、敬茶、品茶，热情招待，直到辞别，整个过程都十分讲究。

到18世纪，荷兰还上演过一出叫做《茶迷贵妇人》的戏，不仅反映了当时荷兰本身的饮茶风尚，对整个欧洲饮茶之风也推动很大。

8 ｜ 俄罗斯的三种饮茶习俗

俄罗斯地跨欧、亚两洲，在饮茶方式和习俗上也兼有欧洲和亚洲的特点。先说受亚洲影响的部分。一般而言，从烹调方法上区别，俄罗斯和亚洲境内各民族大体有三种饮茶方式：

第一种方法是格鲁吉亚式。这种烹茶方式近似欧洲，但又不完全相同。这种烹茶方式属于清饮系统，但做法又类似中国云南的烤茶。这种泡茶法一般用金属壶，饮茶时先把壶放在火上烤至100℃以上，然后按每杯水一匙半左右的用量将茶叶先投入炙热的壶底，随后倒温开水冲泡几分钟，一壶香茶便冲好了。这种泡法要求"色、香、声"俱佳，即色泽红艳，茶味幽香，倒水冲茶时发出噼啪的爆响。因此，炙壶的火候、操作的手法上都要十分熟练才能取得最佳效果。这种煮茶、饮茶的方式一般在俄罗斯的亚洲地区一些民族中流行。

第二种方法是蒙古式，但又与熬蒙古奶茶的方式不相同。俄罗斯的蒙古式奶茶属于典型的调饮系统。这种烹茶方式需先将绿茶砖粉碎研细，每升水放两三大匙茶，加水煮滚。然后添加约水量四分之一的奶，牛奶、羊奶、骆驼奶皆可。再加一汤匙牛油之类的动物油。这种煮茶方法与蒙古奶茶不同之处在于要加入一些大米、小麦和盐。所有原料放好后，大约煮20分钟就可以饮用。看起来，这种奶茶很像我国辽金时期契丹等北方民族流行的茶粥，很可能就是茶粥的变化而来。原因在于辽朝有五京，其中的上京地区一直延伸到俄罗斯境内亚洲地区很多地方。而这种俄罗斯蒙古奶茶大体流行在伏尔加河、顿河以东的地域，与辽代北部边地相交错。后来，辽朝灭亡，王室后裔耶律大石又率军到我国新疆及俄罗斯境内一部分地区建立西辽国。所以，俄罗斯东南部各民族对契丹人印象很深，至今在俄语中称中国仍叫"契丹"（КитАй）。所以，把俄罗斯蒙古奶茶与契丹人的茶粥联系起来是有一定依据的。照此推论，俄罗斯亚洲地区饮茶的历史将向前推进数百年。

第三种方法是卡尔梅克族的饮法。这种方法也是奶茶，但添加物较少。这种茶通常用散茶而不用砖茶。把水煮开后投入茶叶，每升水约用茶一两（50克），然后倒入大量动物奶共同烧煮，分两次搅拌均匀，煮好滤去渣子，即可饮用。这种煮茶方法与今天的蒙古奶茶相像，区别也仅在于蒙古奶茶是用茶砖，而卡尔梅克族是用散茶。

16世纪，中国饮茶法开始传入俄罗斯。到17世纪后期，饮茶之风已遍及到俄国各个阶层。19世纪，还出现了一些记载俄国茶俗、茶礼、茶会的文学作品。俄国诗人普希金就曾记述过俄国"乡间茶会"的情形。也有作家记载了俄国贵族们的茶仪。俄罗斯贵族饮茶十分讲究。有十分漂亮的茶具，茶炊叫"沙玛瓦特"，是相当精致的铜制品。茶碟也很别致，俄罗斯人习惯将茶倒入茶碟再放到嘴边。有些人家则喜欢中国的陶瓷茶具。有藏家藏有一件清代日本仿向俄国出口的中国瓷茶壶，其式样与中国壶相仿，花色亦为中国式的人物、树木、花草，但壶身有欧洲特色，瘦颈、高身，流线形纹路带有金道。总体来看，是一件典型的中西合璧的作品，虽不算精致，但也能说明中西文化交融的历史。

俄罗斯上层饮茶礼仪都很讲究，决不同于普希金笔下悠闲自在的"乡间茶会"。而是有许多浮华做作的礼仪，相当拘谨。但这些礼仪也对俄罗斯人产生了重大影响。俄罗斯民族一直为"礼仪之邦"而自豪，他们对学习中国的茶礼、茶仪十分有兴趣。所以，在俄罗斯"茶"字成了许多文物的代名词。有些经济、文化活动中也用"茶"字，如给小费便叫"给茶钱"。许多家庭也同样有来客敬茶的习惯。俄国的旅行列车上也是以茶奉客。

9 ┃ 美洲、非洲国家的饮茶习俗

欧洲移民把饮茶的习惯带到了美洲，所以美国人的饮茶方法与欧洲大体相似。美国人喜欢在茶内加入柠檬、糖及冰块等添加剂，饮茶方式介于清饮与调饮之间。但美国是一个年轻的国家，所以饮茶没有欧洲贵族那么多礼数。美国人很喜欢中国茶，中美之间茶的贸易几乎是伴随美国这个国家的诞生而同步开始。美国人也很喜欢中国的茶具。有位美国画家画了幅画，画面上是教师正在向小学生发问，先问学生南北极在哪里，小学生准确地指出南北极在地图上的方位。再问中国在哪里，小学生却说："在瓷器店里。"可见，美国儿童对中国的瓷器都十分熟悉，而瓷器中茶具占很大数量。

　　非洲国家对茶的需求量很大，其饮茶风俗也很有意思。埃及茶叶的进口量仅次于英国、俄罗斯、美国、巴基斯坦而居第五位，人均年消费量为1.44千克，在非洲属于饮茶大国。埃及人喜欢味道浓酽的红茶，他们常用小玻璃杯泡茶喝，闻其香，观其色，尝其味。埃及人喝茶喜欢加一勺蔗糖，而不是加牛奶。埃及人从早到晚都喝茶，茶在生活中是很重要的物品。茶在埃及人社交中也很重要，不论朋友约会或是集体聚会，饮茶是必不可少的礼仪。虽然埃及也用饮咖啡等其他饮料，但都没有饮茶普遍。埃及政府很支持人们喝茶，甚至对民间饮茶还进行补贴。

　　摩洛哥地处非洲西北部，是世界上绿茶进口量最多的国家。人均年消费量在1千克以上。摩洛哥西临大西洋，北临直布罗陀海峡与西班牙相望，东南是阿尔及利亚，与撒哈拉大沙漠相接，气候炎热。由于地理和气候原因，当地人多食牛羊肉，又喜甜食，为帮助消化，对茶有很大需求。摩洛哥人喜欢在茶中加糖和新鲜薄荷，茶要非常浓酽，甜中带苦。因为长期饮茶，摩洛哥人对茶具也十分讲究，自己也制作茶具。他们有一套精美的铜制茶具，有的还涂上银。茶壶的尖嘴为白或红色帽，大茶盘的花纹很精致，糖缸为香炉式，整体搭配赏心悦目，具有非洲风格。其整套茶具，既可用于饮茶，又可作为工艺品观赏，使饮茶成为一种精神享受，这一点与东方人很相似。

　　在摩洛哥，用茶待友是一种礼仪，走亲访友送上一包茶叶则表示敬意。有时还用红纸包上，作为新年礼物送人。除家庭有饮茶习惯外，摩洛哥的茶肆也十分热闹，一般是在炉灶上有一大茶壶煮开水，用大壶中的水冲泡放有茶叶、白糖、新鲜薄荷的小锡壶，然后把小壶放到火上再煮，煮好后直接将小锡壶端到客人的桌上，客人就可以饮茶进餐了。

　　摩洛哥人特别喜欢喝中国茶，对中国绿茶评价很高，认为它是最理想的饮料。摩洛哥上至国家元首，下至一般平民，都很喜爱中国绿茶。专管茶叶的官员"茶办主任"在摩洛哥有很高的地位，有一位茶办主任建造了一幢别墅，用中国绿茶"珍眉"命名。按当地风俗，每逢大的国宴、招待会、婚丧喜事，都必须有中国的茶。许多家庭把大部分收入用于茶的消费。除绿茶外，他们也进口一部分红茶，主要供应旅馆、饭店里的欧洲人或欧化的本地人。花茶则主要供应宫廷贵族。至于当地居民，还是喜欢中国绿茶。

　　在摩洛哥，北部人喜欢秀眉之类绿茶，称之为"小蚂蚁"；中部人喜欢珍眉绿茶，取了个当地名字，意为"纤细的头发"；南部人喜欢珠茶类，有一个城市便以"珠茶"为代名。在摩洛哥人看来，茶是中摩友好的象征，代表着和平与友谊。

第三章
中国茶艺

茶艺：人之美

1 | 仪表美

人们从一开始，就特别注意茶艺演示者的仪表美。仪表美是形体美、服饰美与发型美有机结合起来的综合美。

（1）形体美

关于形体美，王柯平教授概括总结了十条具体的标准（《旅游美学纲要》旅游教育出版社出版）：

① 骨骼发育正常，关节不显粗大。

② 肌肉均匀，胖瘦适当。

③ 五官端正，与头部配合协调。

④ 双肩对称，男性要求宽阔，女性要求圆润。

⑤ 脊柱正视垂直，侧视曲度正常。

⑥ 胸部隆起，男性正面与反面看上去略呈v形。女性胸部丰满而不下垂，侧视应有明显的曲线。通常半球或圆锥状乳房容易唤起形式美感。

⑦ 腰细而结实，微呈圆柱形，腹部扁平，男性有腹肌。

⑧ 臀部圆满适度，富有弹性。

⑨ 腿部要长，大腿线条柔和，小腿腓部突出，足弓要高，脚位要正。

⑩ 双手视性别而定。男性的手以浑厚有力见称，女性的手以纤巧结实为宜。

王柯平教授概括总结的这十条是构成人形体美的基本条件，在茶艺馆和茶艺学校招聘、招生时可以作为参考。不过，从事茶艺工作对于手和牙齿有较高的要求，需要格外注意。手是人的第二张脸。在茶艺表演过程中最引人注目的就是脸和手。因此，招聘时对从业人员的手形、手相、皮肤、指甲等都要认真观察，一个人形体美的有些条件是先天形成不可改变的，而有些则可以通过后天训练来改善。坚持科学的形体训练很重要，是保持形体美、改善形体美的有效途径。

（2）服饰美

俗话说："人靠衣装，佛要金装。""三分长相，七分打扮。"服饰反映出一个人的性格与审美趣味，自然会影响到茶艺表演的效果。首先，茶艺表演中的服饰应与所要表演的茶艺内容相配套；其次，要注意服饰的式样、做工、质地和色泽。当然，宫廷茶艺有宫廷茶艺的格调，民俗茶艺有民俗茶艺的要求。一般而言，茶艺表演者最好穿着具有民族特色的服装，而不穿着"西化"服饰。在正式的表演场合，表演者不宜佩带过多的装饰品，尤其不可戴手表，不可涂抹有香味的化妆品，不可浓妆艳抹，不可涂有色指甲油。女性表演者如果戴一个玉手镯，能平添不少风韵。

（3）发型美

发型美是构成仪表美的三要素之一，也是比较容易被忽视的一个要素。近年来"个性化"的发型屡见不鲜，这是社会开放的结果。但是仅就茶艺表演而言，发型的"个性化"不可与所表演的内容相冲突。发型设计必须结合茶艺的内容，服装的款式，表演者的年龄、身材、脸型、头型、发质等因素，尽可能取得整体和谐美的效果。

仪表美给人的印象很直观，在一定程度上反映了茶艺表演者个人精神面貌和审美修养，也可以反映出企业总体素质和管理水平，所以必须加以重视。

2 ｜ 风度美

风度美是指人的仪态美和神韵美。人的风度是在长期的社会生活实践和一定的文化氛围中逐渐形成的，是个人性格、气质、素养、情趣、精神世界和生活习惯的外在表现，是社交活动中的无声语言。一般而言，不同阶层、不同职业的人会有不同的风度。例如，军人有军人的风度，政治家有政治家的风度，演员有演员的风度，学者有学者的风度，茶人也自有茶人的风度。

（1）仪态美

茶艺表演者的仪态美主要表现为举止端庄、礼仪周全。中国为礼仪之邦，茶艺更是讲究礼节。在茶事活动中，常用的礼节有五种：

鞠躬礼：鞠躬即弯腰行礼，是中国的传统礼仪。一般用在茶艺表演者迎宾、送客或开始表演时。鞠躬礼有全礼与半礼之分。行半礼弯腰45°即可，行全礼则需两手在身体两侧自然下垂弯腰90°。

伸手礼：伸手礼是在茶事活动中常用的礼节。行伸手礼时五指自然并拢，手心向上，左手或右手从胸前自然向左或向右前伸。伸手礼主要在请客人帮助传递茶杯或其他物品时用，一般应同时讲"谢谢"或"请"。

注目礼和点头礼：注目礼即眼睛庄重而专注地看着对方。点头礼即点头致意。这两个礼节一般在向客人敬茶或奉上某物品时一起使用。

叩手礼：叩手礼即用手指轻轻叩击茶桌来行礼。相传有一次清代乾隆皇帝微服私访江南时装扮成仆人，太监周日清装扮成主人到茶馆去喝茶。乾隆为周日清斟茶、奉茶，周日清诚惶诚恐，想跪下谢主隆恩又怕暴露身份，急中生智，马上将右手的食指与中指并拢，指关节弯曲，在桌面上作跪拜状轻轻叩击。随后，这一礼节便在民间广为流传。目前，按照不成文的习俗，长辈或上级给晚辈或下级斟茶时，下级和晚辈必须用双手指作跪拜状叩击桌面二三下；晚辈或下级为长辈或上级斟茶时，长辈或上级只需单指叩击桌面一下表示谢意。也有的地方在平辈之间敬茶或斟茶时，单指叩击表示"我谢谢你"，双指叩击表示"我和我先生（太太）谢谢你"，三指叩击表示"我们全家人都谢谢你"。

茶桌上还有其他一些礼节。例如，斟茶时只能斟到七分满，谓之"酒满敬人，茶满欺人"。当茶杯排为一个圆圈放置时，斟茶一定要反时针方向巡壶，不可顺时针方向巡壶，因为反时针巡壶的姿势表示欢迎客人"来！来！来！"，巡时针方向则好像是赶客人"去！去！去！"。

另外，不同民族还有不同的茶礼忌讳。例如，土家族人最忌讳用有裂缝或有缺口的茶碗上茶；蒙古族敬茶时，客人应躬身双手接茶而不可单手接茶；藏族同胞最忌讳把茶具倒扣放置，因为只有死人用过的茶碗才倒扣着放置；生活在西北地区的少数民族一般都忌讳高斟茶，特别是忌讳在斟茶时冲起满杯的泡沫，因为这会使他们联想到沙漠、草原上牲口尿尿，认为高斟茶是对他们人格的污辱；在广东，客人用盖碗（三才杯）品茶时，如果不是客人自己揭开杯盖要求续水，茶艺馆的工作人员不可以主动去为客人揭盖添水。各地都有不同的茶礼、茶俗，所以应当尽可能多学习一些，以免犯忌讳。

另外，仪态美还包括站姿美、坐姿美、步态美和其他动作（如手势、表情）美等。这些动作都必须经过严格的专业训练，才能做到规范优美、自然大方。

（2）神韵美

神韵美主要表现在眼睛和脸部表情，是人的神情和风韵的综合反映。

很多文学作品中都有对人神韵的描写，如眉目传神、顾盼生辉、"一笑百媚生""倾国倾城"等。《诗经·卫风》中有一章是描写硕人（即美人）的诗："手如柔荑，肤如凝脂；领如蝤蛴，齿如瓠犀；螓首蛾眉，巧笑倩兮，美目盼兮！"这首诗前五句是比喻，美学家朱光潜先生说："前五句罗列头上各部分，用许多不伦不类的比喻，也没有烘托出一个美人来。最后两句突然化静为动，着墨虽少，却把一个美人的姿态神情完全描绘出来了。"

由此可见，如果一个人仅有形象美，而没有神韵美，这个人的美仍然会显得呆板，没有活力，没有感染力，只有"巧笑倩兮，美目盼兮"才能真正动人。茶人的神韵美应特别注意"巧笑倩兮，美目盼兮"，以"巧笑"使人感到亲切、温暖、愉悦，通过眉目传神、顾盼生辉打动人心，给人以美的享受。有了神韵美的配合，便可化仪表美为"媚"。一个人仪表美是静态的美，是外观形象的美，而"媚"则是动态的美，是妩媚可爱动人的美。

正如宋玉在《登徒子好色赋》中所写的佳人那样："东家之子，增之一分则太长，减之一分则太短，著粉则太白，施朱则太赤，眉如翠羽，肌如白雪，腰如束素，齿如含贝，嫣然一笑，惑阳城，迷下蔡。"前边的描述从身材适中、肌如白雪到齿如含贝都只是美，而"嫣然一笑，惑阳城，迷下蔡"才是"媚"。古代文学中描写佳人，樱桃小口，唇如点朱，脸如桃花，都只是美，而"和羞走，倚门回首，却把青梅嗅"（李清照《点绛唇》）的动人神情才是"媚"。古代美学家李渔说："媚态之在人身，犹火之有焰，灯之有光，珠贝金银之有宝色。是无形之物，非有形之物也。唯其是物非物，无形似有形；是以名为尤物。"（《笠翁偶集》卷十三）李渔所说虽然有点玄乎其玄，但却值得每一个追求神韵美的茶人去思考。

3 ｜ 语言美

俗话说："好话一句三春暖，恶语一句三伏寒。"这句话生动地概括了语言美在社交中的作用。茶室是现代文明社会中高雅的社交场所，要求人们谈吐文雅，语调轻柔，语气亲切，态度诚恳，要讲究语言艺术。一般而言，茶艺的语言美包含语言规范和语言艺术两个层次。

（1）语言规范

语言规范是语言美的基本要求。在茶室中的语言规范可归纳为：

待客有"五声"。即指宾客到来时有问候声，落座后有招呼声，得到协助和表扬时有致谢声，麻烦宾客或工作中出现失误时有致歉声，宾客离开时有道别声。

待客时宜用"敬语"。敬语包含尊敬语、谦让语和郑重语。说话者直接表示自己对听者的敬意的语言称为尊敬语。说话者通过自谦，间接地表示自己对听者的敬意的语言称为谦让语。说话者使用客气礼貌的语言向听者间接地表示敬意则称为郑重语。敬语是旅游服务行业的行业用语之一，其最大特点是彬彬有礼、热情庄重，使听者消除生疏感，产生亲切感。

杜绝"四语"。即杜绝不尊重宾客的蔑视语，缺乏耐心的烦躁语，不文明的口头语，自以为是或刁难他人的斗气语。

（2）语言艺术

"话有三说，巧说为妙。"美学家朱光潜先生曾经说："话说的好就会如实地达意，使听者感受到舒适，发生美的感受。这样的说话就成了艺术。"可见，语言艺术首先要"达意"，然后才是"舒适"。

达意即语言要准确，吐音清晰，用词得当，不可"含糊其辞"，也不可"夸大其辞"。舒适即要求说话的声音柔和悦耳，节奏抑扬顿挫，吐字娓娓动听，风格诙谐幽默，表情诚挚，表达流畅自然。

另外，要切忌说教式或背诵式的讲话，应当如挚友谈心，用真情来交流和沟通，引发对美的共鸣。

还有就是口头语言辅以如手势、眼神、脸部表情等身体语言，口头语言和体态语言相互配合更能让人感受到情真实意。古人讲"传神写照，正在阿堵中"，"阿堵"即这个的意思，是六朝时的口语。在本文中是指传神写照就在你的眼睛中。我们在追求语言美时千万别忘了眼睛，因为眼睛是心灵的窗户，最富有传神或表现的能力。

4 ｜ 心灵美

心灵美是人的思想、情操、意志、道德和行为美的综合体现，是人的内在美。这种"深层"的美与仪表美、神韵美、语言美等表层的美相和谐，才可造就出茶人完整的美。

心灵美的核心是善。儒家认为"人之初，性本善"。人生来就有善心，而善心是心灵美的基础。什么是善心？孟子认为善心包括仁、义、礼、智等四个方面。他说："恻隐之心，仁之端也；羞恶之心，义之端也；辞让之心，礼之端也；是非之心，智之端也。人之有四端也，尤其有四体也。"也就是说恻隐之心、羞恶之心、辞让之心、是非之心，是人与生俱来的善心。心灵美其实就是上述"四心"的表露。

关于什么是"仁"，儒家的典籍《荀子》中记载了这样一个小故事：有一天，孔子问他的三个得意门生，什么是智者，什么是仁者。子路的回答是："智者能使别人了解他，仁者能使别人爱他。"孔子认为子路只达到了士的境界，即只是一个有胆识有能力的人。另一名学生子贡的回答是："智者能了解别人，仁者能普爱别人。"孔子认为子贡达到了士君子的境界，即可以算是一个人格高尚的人。颜渊的回答是："智者能深刻地了解自己，仁者能做到自爱。"孔子认为颜渊达到了智和仁的最高境界，可以称得上"明君子"。这个故事生动地告诉我们儒家对仁的理解有三个层次，即"人爱""爱人""爱己"。孔子之所以认为"爱己"是仁的最高境界，"爱己"之人可称得上"明君子"，是因为他的境界达到了不事外求、不假人为、不立事功而自然地表现自爱之心，显然这种"爱己"不是自私地、狭隘地只爱自己，而是对自己人格的自信、自尊、自爱。有这种胸怀的人必然旷达自若，能以爱己之心爱人，以天地胸怀来处理人间事务。儒家这种"明君子"的思想境界实际上也就是道家所追求的"天地境界"，也正是我们茶人所追求的心灵美的最高境界。

一个人在人格上做到自尊、自爱、自强、自立，才可能在行动中表现出无私、无畏、无怨、无悔。茶人们从"爱己"之心出发，表现出的"爱人"之行，才是最感人的心灵美。在这方面日本茶人很值得我们学习。

据滕军博士介绍，日本茶道要求很周到："主人要千方百计设法使客人感到舒适。比如，主人要在客人到来之前将茶庭洒上一层水，然后将飞石上的存水用毛巾揩干。若是下雪天，要提前用草垫把飞石盖上，在客人到来之前将草垫撤去。这样既可让客人欣赏到美丽的雪景，又便于客人行走。主人要根据客人的个别情况制订菜谱。如果客人是老年人，菜就要做得软一些，少一些；若是年轻人，菜就要做得多一些，含蛋白质的材料可多用一些；若是外国人，就要考虑到那个国家的饮食习惯，还要尊重他们的宗教信仰；等等。点茶时，茶和水的比例也要因人而异。若客人是老茶人，就要多放一些茶粉，点得浓些；若客人是初次品茶，就要点得淡一些，以免客人感到太苦；天气冷时，多加一点热水，天气热时用少量温水。主人还要在客人面前反复擦拭本来已经清洗过的茶具，以此表示对客人的尊重。点茶完毕将污水罐撤下去时，要左转身，这样可使污水罐在客人视线里停留的时间减少。另外，夏天要用风炉，其位置放在离客人最远的地方，炉口要竖一块瓦片，以挡住炭火，减少客人的炎热感。冬天要用地炉，要开在茶室的中央，这样可使客人离火近一些。总而言之，主人时时处处要站在客人的立场上考虑问题，细微之处也不放过。"（《日本茶道文化概论》第264页）

对于很多细节，滕军博士也有说明。例如：对于茶点，日本茶人提出要达到五种感官满足。"第一是视觉。当点心端出后，点心的外形、色彩以及容器的艺术风格要给人以美感。人们从点心外形上可以感觉到季节的变换。第二是触觉。人们通过手拿、口嚼、舌头的触动，可能感觉到茶点心的柔软、易化，使人感到亲切和陶醉。第三是味觉。茶点心要求尊重原材料本身的味道，不主张加过多的配料，主要原料为江米粉、米粉、小豆、砂糖、山芋等。要选用新鲜的原料，使客人们感受到每一种原料的香味。第四是嗅觉。随着季节的变换，茶点心有时还用树叶之类做外皮，如樱花开放时，将樱树叶用于点心；端午节时，将槲树叶用于点心，都可以使人们嗅到一种大自然的清新气息。第五是听觉。人们在吃完茶点之后，要向主人提问：'请问今日茶点名称？''初雁'。"人们听了主人的介绍，对自己吃的点心会产生一种美妙的回味。（《日本茶道文化概论》第122页）

对于茶室的茶花，滕军博士介绍说："在茶道艺术中，茶花也是体现主人艺术造诣的重要一环。与日本插花艺术不同，茶道用花更加尊崇花木的本来面目。在花材的选择上，茶花要求选用时令花木，要求茶人亲自走向原野，爬上高山去采来野花，或用自己院子里养植的花。温室里栽培的花即使再漂亮也不用。花的数量要少，通常只一朵或两朵，加上一些枝叶。花形要小，体现出谦美的风格。不用已经盛开的花，而是用马上就开放的花苞，这样可以让客人在参加茶会期间观察到茶花的变化，使人们去领悟人生的无常。在日本，花材的来源十分丰富，但有一些花是禁止用作茶花的，比如像丁香花那样香气很浓的花，以防花香冲淡茶香的香气。颜色大红的鸡冠花也不采用，过于强调茶花的话会破坏整个茶室的艺术气氛。另外，四季不分或一年四季都有的花也不采用。"（《日本茶道文化概论》第132页至133页）

另外，就连烧火、添炭这样看似粗笨的脏活儿，日本茶人也会做到尽善尽美。"因为附在炭上的炭屑在点燃时有迸溅的现象，所以在茶事举办之前，主人要将炭逐一洗去炭屑晾干。为使炉中干燥的底灰不致在添炭时飞起，在添炭之前要压上一层湿润的灰。这种湿润的灰是夏季三伏天制作的。据说三伏的土有特别的力量。这些灰是用茶水搅拌的，之后反复用手揉，使之成为一颗颗不大不小的颗粒。""装饰用的灰是藤条烧成的，呈雪白色，用于夏天的风炉。在夏天，人们看到炭火一定很难受，在其周围点缀上

白色的装饰灰，令人想起雪景，给人一种精神上的凉意。"（《日本茶道文化概论》第86页）

总之，关于日本茶道，上述那样的例子不胜枚举。我们之所以用了大量篇幅来摘引，是因为目前我国很少有茶艺馆能做得这么好。我们只有虚心学习日本茶文化的长处，在茶事活动过程和日常生活中讲求细节完美，并时时处处事事尊重别人，无微不至地关心别人，才能真正达到天地境界的心灵美。

古希腊哲人柏拉图曾说："身体美与心灵美的和谐一致是最美的境界。"学习茶道，修习茶艺可以使茶人达到仪表美、神韵美、语言美和心灵美的高度和谐，能达到这种境界的茶人可谓是至善至美。

煮茶图

二
茶艺：茶之美

1 | 茶叶的名字美

中国人总喜欢为美好的东西取一个美好的名字。我国名茶的名称大多数都很美，这些茶名大体上可分为五大类。

第一类是地名加茶树的植物学名称。我们从这类茶名一眼便知其品种和产地，如西湖龙井、闽北水仙、安溪铁观音、武夷肉桂、永春佛手等。其中的西湖、武夷、闽北、安溪、永春是地名，龙井、肉桂、水仙、铁观音、佛手都是茶树的品种名称。

第二类是地名加茶叶的形状特征。如六安瓜片、君山银针、平水珠茶、古丈毛尖等。其中六安、平水、君山、古丈是地名，瓜片、珠茶、银针、毛尖是茶叶的外形。

第三类是地名加上富有想象力的名称。如庐山云雾、敬亭绿雪、舒城兰花、恩施玉露、日铸雪芽、南京雨花、顾渚紫笋等。其中庐山、敬亭、舒城、恩施、日铸、南京、顾渚是地名，而云雾、绿雪、兰花、玉露、雪芽、雨花、紫笋等都是可引起人们美妙联想的词汇。

第四类是有着美妙动人的传说或典故。如碧螺春、水金龟、铁罗汉、大红袍、白鸡冠、绿牡丹、文君嫩绿等。例如，碧螺春原名"吓煞人香"。相传康熙己卯年抚臣宋荦以"吓煞人香"进贡，康熙皇帝认为茶是极品，但名称不雅，便根据该茶形状卷曲如螺，色泽碧绿，采制于早春而赐名"碧螺春"。

第五类即除开上述类型的其他类型。这些类型的茶名也多能引发茶人美好的联想，如寿眉、金佛、银毫、翠螺、奇兰、湘波绿、白牡丹、龙须茶等。

赏析茶名的美是赏析茶人心灵的美，也是赏析中国传统文化的美。我们赏析茶名之美，不仅可以增添茶文化知识，还可以看出我国茶人的艺术底蕴和美学素养，体会到茶人爱茶的全面追求。

2 | 茶叶的外形美

中国的茶一般分为绿茶、红茶、乌龙茶（青茶）、黄茶、白茶、黑茶六大类。

这六类茶的外观形状各有差别。绿茶、红茶、黄茶、白茶等多属于芽茶，一般都是由细嫩的茶芽精制而成。没有展开的绿茶茶芽，直的称之"针"或"枪"，弯曲的称为

"眉",卷曲的称为"螺",圆的称为"珠",一芽一叶的称为"旗枪",一芽两叶的称为"雀舌"。

乌龙茶(青茶)属于叶茶,茶芽一般要到一芽三开片才采摘,所以制成的成品茶显得"粗枝大叶"。但是在茶人眼中,乌龙茶也自有乌龙茶的美。例如安溪铁观音即有"青蒂绿腹蜻蜓头""美如观音重如铁"之说。武夷岩茶则有"乞丐的外形,菩萨的心肠,皇帝的身价"之说。

对于茶叶的外形美,审评师的专业术语有显毫、匀齐、细嫩、紧秀、紧结、浑圆、圆结、挺秀等。文士茶人更是妙笔生花。宋代丞相晏殊形容茶的颜色之美为"稽山新茗绿如烟";苏东坡形容当时龙凤团茶的形状之美为"天上小团月";清代乾隆把茶芽形容为"润心莲",并说"眼想青芽鼻想香",足见这个爱茶皇帝很有审美的想象力。武夷山是茶的品种王国,仅清代咸丰年间(1851—1861)记载的名茶就有830多种,武夷山的茶人爱茶爱得至深,他们根据茶叶的外观形状和色泽,为武夷岩茶起了不少形象而生动的茶名,如"白瑞香、东篱菊、孔雀尾、素心兰、金丁香、金观音、醉西施、绿牡丹、瓶中梅、金蝴蝶、佛手莲、珍珠球、老君眉、瓜子金、绣花针、胭脂米、玉美人、金锁匙、岩中兰、迎春柳"等(《武夷山市志》第272页)。听听这些茶名,闭上眼睛就可以想象到它们的外形有多美了。

3 | 茶汤的色泽美

茶的色之美包括茶色和汤色两个方面,在茶艺中主要是欣赏茶的汤色之美。

不同的茶类有不同的标准汤色。在茶叶审评中常用的术语有:清澈,表示茶汤清净透明而有光泽;明亮,表示茶汤清净透明;鲜明,表示汤色明亮略有光泽;鲜艳,表示汤色鲜明而有活力;乳凝,表示茶汤冷却后出现乳状的浑浊现象;混浊,则表示茶汤中有大量悬浮物,透明度差,是劣质茶的表现。

对于具体色泽,审评专业术语有嫩绿、黄绿、浅黄、深黄、橙黄、黄亮、金黄、红艳、红亮、红明、浅红、深红、棕红、暗红、黑褐、棕褐、红褐、姜黄等。鉴赏茶的汤色宜用内壁洁白的素瓷杯。在光的折射作用下,杯中茶汤的底层、中层和表面会幻出三种色彩不同的美丽光环,非常神奇,值得细细观赏。茶人把色泽艳丽醉人的茶汤比作"流霞",把色泽清淡的茶汤比作"玉乳",把色彩变幻莫测的茶汤形容成"烟"。例如,唐代诗人李郢写道:"金饼拍成和雨露,玉尘煎出照烟霞。"乾隆皇帝写道:"竹鼎小试烹玉乳"。徐夤在《尚书惠蜡面茶》一诗中写道:"金槽和碾沉香末,冰碗轻涵翠缕烟。"茶香氤氲,茶气缭绕,茶汤似翠非翠,色泽似幻似真,意境美丽之极。

4 | 茶汤的香气动人

茶香变化无穷，缥缈不定。有的甜润馥郁，有的高爽持久，有的清幽淡雅，有的新鲜沁心。按照评茶专业术语，仅茶香的表现性质就有清香、幽香、纯香、浓香、毫香、高香、嫩香、甜香、火香、陈香等；按照茶香的香型可分为花香型和果香型，也可以细分为水蜜桃香、板栗香、木瓜香、兰花香、桂花香等。

自古以来，越是捉摸不定的美，越能打动人心，越能引起文人墨客的争相赞美。唐代诗人李德裕描写茶香："松花飘鼎泛，兰气入瓯轻。"温庭筠写道："疏香皓齿有余味，更觉鹤心通杳冥。"在他们的笔下，茶的"兰气""疏香"使人飘飘欲仙。宋代苏东坡写道："仙山灵草湿行云，洗遍香肌粉末匀。"在苏东坡的笔下，茶香透人肌骨，茶本身似乎就是一位遍体生香的美人。古代的文人特别爱用兰花之香来比喻茶香，因为兰花之香是世人公认的"王者之香"。王禹偁称茶香"香袭芝兰关窍气"。范仲淹称"斗茶味兮轻醍醐，斗茶香兮薄兰芷。"历史上最喜欢写茶香的诗人是元代的李德载，他的代表作《赠茶肆》十首中，有七首都明写茶香。例如：

"其一：茶烟一缕轻轻扬，搅动兰膏四座香，烹煎妙手赛维扬。非是谎，下马试来尝。"

"其二：黄金碾畔香尘细，碧玉瓯中白雪飞，扫醒破闷和脾胃。风韵美，唤醒睡希夷。"

"其四：龙团香满三江水，石鼎诗成七步才，襄王无梦到阳台。归去来，随处是蓬莱。"

"其五：木瓜香带千林杏，金桔寒生万壑冰，一瓯甘露更驰名，恰二更，梦断酒初醒。"

"其六：兔毫盏内新尝罢，留得余香在齿牙，一瓶雪水最清佳。风韵煞，到底属陶家。"

"其十：金芽嫩采枝头露，雪乳香浮塞上酥。我家奇品世上无。君听取，声价彻皇都。"

另有两首诗描写茶香比较有名。其一是素有梅妻鹤子之称的宋代诗人林逋写的《茶》：

"石辗轻飞瑟瑟尘，乳花烹出建溪春。世间绝品人难识，闲对《茶经》忆古人。"

"乳花烹出建溪春"写得超凡脱俗，诗人眼里的茶香就是春天之香，是天地之香，这种香充满活力，无所不在，任人想象，妙不可言。

其二是明代诗人陆容的《送茶僧》：

"江南风致说僧家，石上清泉竹里茶。法藏名僧知更好，香烟茶晕满架裟。"

在陆容的诗里，茶香是禅香，也是心香。茶香可以陶醉人、陶冶人，还可以使人的袈裟染上茶香，还能渗透进人的肌骨，熏染人的灵魂，使人遍体生香。茶人欣赏茶香，一般至少要三闻。一是闻干茶的香气，二是闻开泡后充分显示出来的茶的本香，三是要闻茶香的余香。闻香的办法也有三种，一是从氤氲的水汽中闻香，二是闻杯盖上的留香，三是用闻香杯慢慢地细闻杯底留香。

茶香还有一个特点，就是会随着温度的变化而变化。据湖南农学院的《茶叶审评与检验》介绍，红茶中有300多种芳香物质，绿茶中有100多种芳香物质，这些物质有的在高温下才可以挥发，有的在较低的温度下就可以挥发，所以闻茶香既要热闻，又要冷闻，只有这样才能全面地感受茶的香美。

5 | 茶入口的味道美妙

茶有很多味道，其中主要有苦、涩、甘、鲜、活。苦是指茶汤入口，舌根感到类似奎宁的一种不适味道。涩是指茶汤入口有一股不适的麻舌之感。甘是指茶汤入口回味甜美。鲜是指茶汤的滋味清爽宜人。活是指品茶时人的心理感受到舒适、美妙、有活力。

在这几种味道的基础上，审评师们对茶的滋味又有鲜爽、浓厚、浓醇、浓烈、醇爽、鲜醇、醇厚、回甘、醇正等赞言。品鉴茶的天然之味主要靠舌头。味蕾在舌头的各部位分布不均，一般而言，人的舌尖对咸味敏感，舌面对甜味敏感，舌侧对酸涩敏感，舌根对苦味敏感。所以，品茗应当小口细品，让茶汤在口腔内慢慢流动，使茶汤与舌头各部分的味蕾都充分接触，以便准确地判断茶味。

古人品茶最重视茶的"味外之味"。不同的人，不同的心境，不同的环境，不同的文化底蕴，不同的社会地位，都可以从茶中品出不同的"味"。"吾年向老世味薄，所好未衰惟饮茶"，历尽沧桑的文坛宗师欧阳修从茶中品出了人情如纸、世态炎凉的苦涩味；"蒙顶露芽春味美，湖头月馆夜吟清"，仕途得意的文彦博从茶中品出了春之味；"森然可爱不可慢，骨清肉腻和且正。雪花雨脚何足道，啜过始知真味永"，豪气干云、襟怀坦荡的苏东坡从茶中品出了君子味；"双鬟小婢，越显得那人清丽。临饮时须索先尝，添取樱桃味"，风流倜傥的明代文坛领袖王世贞从美人尝过的茶汤中品出了"樱桃味"；"一岭中分西与东，流泉泻涧味甘同。吃茶虽不赵州学，楼上权披松下风"，统治全国达60年之久的清代盛世君王乾隆皇帝认为，在他的国家里不同泉水泡出的茶味都甘苦相同，他从茶中品出了"天下大同"之味。人生有百味，茶亦有百味，从一杯茶中我们可以有良多的感悟，正如人们常说的"茶味人生"。我们品茶也应当学习古人品茶，去感受茶的"味外之味"。

古人讲"爱茶人不俗"。只有爱茶，才能成为不俗的茶人。只有懂得茶之美，才能学好茶艺。茶"森然可爱不可慢，肉清骨腻和且正"，希望我们都能做一个"森然可爱不可慢"、满身茶香的茶人。

三
茶艺：水之美

"从来名士能评水，自古高僧爱斗茶。"这是郑板桥写的一幅茶联，它极生动地说明了"评水"是茶艺的一项基本功。

唐代陆羽就已经在《茶经》中对宜茶用水做了明确的规定。他说："其水用山水上、江水中、井水下。"明代的茶人张源在《茶录》中写道："茶者，水之神也；水者，茶之体也。非真水莫显其神，非精茶曷窥其体。"许次纾在《茶疏》中提出："精茗蕴香，借水而发，无水不可论茶也。"张大复在《梅花草堂笔谈》中认为："茶性必发于水。八分之茶，遇十分之水，茶亦十分矣；八分之水，试十分之茶，茶只八分耳。"上述议论均说明了在我国茶艺中精茶必须配美水，才能给人完美的享受。

1 | 美水标准

宋徽宗赵佶最早提出了美水标准，他在《大观茶论》中写道："水以清、轻、甘、冽为美。轻甘乃水之自然，独为难得。"这位精通百艺独不精于治国的亡国之君确是才子，他最先把"美"与"自然"的理念引入到鉴水之中，升华了品茗的文化内涵。后人在他提出的"清、轻、甘、冽"的基础上，又添加了一个"活"字。现在的茶人认为符合"清、轻、甘、冽、活"五项指标的水，才称得上宜茶美水。详细说来即：

其一，水质要清。水的清表现为："朗也，静也，澄水貌也。"水清则无杂、无色、透明、无沉淀物，最能显出茶的本色。故清明不淆之水称为"宜茶灵水"。

其二，水体要轻。明朝末年无名氏著的《茗笈》中论证说："各种水欲辨美恶，以一器更酌而称之，轻者为上。"清代乾隆皇帝很赏识这一理论，他无论到哪里

湖水

出巡，都要命随从带上一个银斗，去称量各地名泉的比重，并以水的轻重，评出了名泉的次第。北京玉泉山的玉泉水比重最轻，故被御封为"天下第一泉"。现代科学也证明了这一理论是正确的。水的比重越大，说明溶解的矿物质越多。有实验结果表明，当水中的低价铁超过0.1ppm时，茶汤发暗，滋味变淡；铝含量超过0.2ppm时，茶汤便有明显的苦涩味；钙离子达到2ppm时，茶汤带涩，而达到4ppm时，茶汤变苦；铅离子达到1ppm时，茶汤味涩而苦，且有毒性。所以，水以轻为美。

其三，水味要甘。田艺蘅在《煮泉小品》中写道："甘，美也；香，芬也。""味美者曰甘泉，气芳者曰香泉。""泉唯甘香，故能养人。""凡水泉不甘，能损茶味。"所谓水甘，即水一入口，舌尖顷刻便会有甜滋滋的感觉；咽下去后，喉中也有甜爽的回味。用这样的水泡茶自然会增加茶的美味。

其四，水温要冽。冽即冷寒之意。明代茶人认为："泉不难于清，而难于寒。""冽则茶味独全。"因为寒冽之水多出于地层深处的泉脉之中，所受污染少，泡出的茶汤滋味纯正。

其五，水源要活。"流水不腐，户枢不蠹。"在流动的活水中细菌不易大量繁殖，同时活水有自然净化作用，在活水中氧气和二氧化碳等气体的含量较高，泡出的茶汤格外鲜爽可口。

今天的茶人择水除了有上述五项指标外，还有更科学的标准。目前，我国饮用水的水质标准主要有以下四项指标：

第一项为感观指标。色度不得超过15度，浑浊度不得超过5度，不得有异臭异味，不得含有肉眼可见物。

第二项为化学指标。pH值为6.5～8.5，总硬度不高于25度。

第三项为毒理学指标。氟化物不得超过1.0毫克／升；氰化物不超过0.05毫克／升；砷不超过0.04毫克／升；镉不超过0.01毫克／升；铅不超过0.1毫克／升。

第四项为细菌指标。细菌总数在1毫升水中不得超过100个。大肠杆菌群在1升水中不得超过3个。

2 ｜ 泡茶用水的分类

宜茶用水可以分为天水、地水、再加工水三类。再加工水即城市销售的太空水、纯净水、蒸馏水等等。

（1）天水类

天水类包括雨、雪、霜、露、雹等。

在雨水中最宜泡茶的是立春雨水。李时珍认为地气上升后成为云，天气使其下降便是雨。立春雨水中得到自然界春始生发万物之气，用于煎茶可补脾益气。在我国农历上芒种以后逢壬叫入梅，夏至以后逢庚叫出梅。这个时期下的雨统称为"梅雨"。李时珍认为梅雨是湿热气被熏蒸后酿成的霏雨，用于煎茶可涤清肠胃的积垢，使人饮食有滋味，精神更爽朗。立冬后十日叫入液，到小雪时叫出液，这段时间所下的雨叫液雨，也叫药雨，用于煎茶能消除胸腹胀闷。我国中医认为露是阴气积聚而成的水液，是润泽的夜气。甘露更是"神灵之精，仁瑞之泽，其凝如脂，其甘如饴"（《本草纲目》），用草尖的露水煎茶可使人身体轻灵、皮肤润泽。用鲜花上的露水煎茶可美容养颜。

溶化后流入湖泊的雪水

霜与雪也可煎茶，宜取冬霜和腊雪，用冬霜的水煎茶可解酒热，用腊雪水煎茶可解热止渴。李时珍认为冰雹味咸，性冷，有毒，故不宜饮用。在接收天水时一定要注意卫生，屋檐流水和不洁器皿所收的天水皆不可用。

（2）地水类

地水类包括泉水、溪水、江水、河水、湖水、池水、井水等。"茶圣"陆羽认为山水优于江水，江水优于井水。对于山水，陆羽主张"拣乳

霜

泉石池漫流者上，其瀑涌湍漱勿食之"，即要取涓涓汨汨缓缓而流的泉水，而瀑布、湍急的流水不可用于煎茶。对于江水，因为离人群远的地表水的污染程度较轻，陆羽主张"取去人远者"。对于井水，应该"取汲多者"，因为众人经常取用的井水，实际上是活的地下泉水。

在地水类中，茶人最钟爱的是泉水。这不仅因为多数泉水都符合

溪水

"清、轻、甘、冽、活"的标准，宜于烹茶，更主要的是泉水无论出自名山幽谷，还是平原城郊，都以其美丽的声响引人遐想。寻访名泉是中国茶道中的迷人乐章。泉水可为茶艺平添几分幽玄、几分野韵、几分神秘、几分美感，所以在中国茶艺中十分注重泉水之美。

3 | 古代名人眼中的水美

生命源于水，生命的延续一刻也离不开水，所以世人对水都有一种与生俱来的亲切感，而中国茶人爱水尤其深沉。刘向所著的《说苑·杂言》有这样一段孔子与其学生子贡的对话：

子贡问曰："君子见大水必观焉，何也？"孔子曰："夫水者，君子比德焉。遍予而无私，似德；所及者生，似仁；其流卑下，句倨皆循其理，似义；浅者流行，深者不测，似智；其赴万仞之谷不疑，似勇……是以君子见大水观焉尔也。"

这段话的大意是：子贡问他的老师孔子，君子看到大水为什么那么喜爱呢？孔子说，水是君子比德的对象。水无私地将自己奉献给天下万物，这好比是德；水能使万物生长，这似仁；水是流是停都按照自然的规律，这似义；水浅者周流不滞，深者深不可测，这似智；水泻下万丈深谷而毫不迟疑，这似勇。所以，有道德的君子见到水都爱莫能舍。

我们从这段话中可以看到，儒者的爱水是因为从水中看到了很多与儒家君子相似的人格之美。这种君子比德的审美观对茶艺审美有很大影响，它决定了

露水

中国茶人在对水的审美时更注重其物外高意，而不是水的物质形态。

古代茶人欣赏水之美，首推泉之美。唐代诗僧灵一写道："野泉烟火白云间，坐饮香茶爱此山。"齐己写道；"且招邻院客，试煮落花泉。"宋代晏殊写道："稽山新茗绿如烟，静挈都篮煮惠泉。"蔡襄写道："兔毫紫瓯新，蟹眼青泉煮。"戴昺写道："自汲香泉带落花，漫烧石鼎试新茶。"元代诗人倪瓒写道："水品茶经手自笺，夜烧绿竹煮山泉。"蔡廷秀写道："仙人应爱武夷茶，旋汲新泉煮嫩芽。"清代诗人纳兰性德写道："何处清凉堪沁骨，惠山泉试虎丘茶。"

那么，历代茶人为什么如此爱泉呢？宋代诗人王禹偁和清代的康熙皇帝的诗做了很好的回答。王禹偁在《陆羽泉茶》一诗中写道："瓮石苔封百尺深，试茶尝味少知音。唯余半夜泉中月，留得先生一片心。"诗中的先生是指"茶圣"陆羽。有天上明月可以作证，在清清的泉水中至今仍寄托着陆羽的高洁之心，所以茶人爱泉。康熙皇帝在《中泠泉》中写道："静饮中泠水，清寒味日新。顿令超象外，爽豁有天真。"饮泉能日日有新的体味已属难得，更难得的是通过清泉澡雪心灵，康熙能超然万物，领悟到泉中的天然真味和天然真趣。康熙的诗揭示了泉之美的根本。

我国茶人爱泉水，也爱露水、雪水、溪水、井水。清代乾隆皇帝就特别喜爱用雪水、露水烹茶。他在《坐千尺雪烹茶作》中写道："汲泉便拾松枝煮，收雪亦就竹炉烹。泉水终弗如雪水，似来天上洁且轻。高下品诚定乎此，惜未质之陆羽经。"乾隆在该诗中，认为用雪水烹茶更胜于泉水。

乾隆皇帝对用荷露烹茶也有特别爱好，他写的有关荷露烹茶诗至少有六首。其中讲到荷露最宜烹茶时，他写道："与茶投气味，煮鼎云成窠。清华沁心神，安藉金盘托。"乾隆喜用荷露烹茶，最根本的原因是他认为这是一大风流韵事。他写道："平湖几里风香荷，荷花叶上露珠多。瓶罍收取供煮茗，山庄韵事真无过。"

在历代茶人中，对水之美理解得最透彻，爱水爱得最深沉，鉴水最富有情趣的当属苏东坡。苏东坡爱江水。他在《汲江煎茶》一诗中写道：

活水还须活火烹，自临钓石汲深清。
大瓢贮月归春瓮，小杓分江入夜瓶。
雪乳已翻煎处脚，松风忽作泻时声。
枯肠未易禁三碗，卧听荒城长短更。

雪

此诗描写了苏东坡在一个幽静的月夜，亲自临江取水煎茶的生动场面。诗中的天上人间、明月清江、雪乳翻腾、松风作响，构成了一幅美丽的画卷，而画中的主人如同仙翁，时而大瓢贮月，小杓分江，憨态可掬；时而静卧听更，神思难测，意境高远。更有风声、水声与荒城的打更声融为一体，使得整个画面动静结合，有声有色，妙不可言。南宋诗人杨万里对这首诗赞道："一篇之中句句皆奇，一句之中字字皆奇。"

苏东坡也爱雪水煮茶。在某年的十二月二十五日大雪始晴时，他梦见有人以雪水烹小团茶，使美人歌以饮，醒后写了两首回文诗。

其一：酡颜玉碗捧纤纤，乱点馀花唾碧衫。歌咽水云凝静院，梦惊松雪落空岩。

其二：空花落尽酒倾缸，日上山融雪涨江。红焙浅瓯新火活，龙团小碾斗晴窗。

这两道诗倒过来读则成为：

其一：岩空落雪松惊梦，院静凝云水咽歌。衫碧唾花馀点乱，纤纤捧碗玉颜酡。

其二：窗晴斗碾小团龙，活火新瓯浅焙红。江涨雪融山上日，缸倾酒尽落花空。

倒过来读仍不失为描述烹茶品茗情景的好诗。回文诗正读倒读都要顺，相当难写，如果不是一个醉心于茶且才华横溢的大诗人，一定写不出这等奇诗。

苏东坡更爱泉水。他常不辞辛劳，不畏艰险地去探访名泉。在《安平泉》一诗中他写道："策杖徐徐步此山，拨云寻径兴飘然。"在《惠山谒钱道人，烹小龙团，登绝顶，望太湖》一诗中他写道："踏遍江南南岸山，逢山未免更流连。独携天上小团月，来试人间第二泉。"从这些诗中苏学士的爱泉之心可见一斑。苏东坡爱泉已达到了超然出尘的境界。在《虎跑泉》一诗中他写道："金沙泉涌雪涛香，洒作醍醐大地凉。"说到底茶人爱水又回到了"君子比德"。"洒作醍醐大地凉"即甘霖普降，恩泽遍施之意，这正是孔子所讲的"遍予而无私，似德"。苏东坡比孔子高明的地方在于他把泉水比作醍醐。醍醐若直译就是奶酥，但在佛教经典中时常把法味、禅味喻为醍醐。《大乘理趣大波罗蜜多经》中，曾以牛奶的五种制品来形容佛陀所说教法的深浅，醍醐是最深刻、最上乘的法味。只有看破生死、彻悟大道的人，才能提升性灵的芬芳，才能品味到至香至醇的醍醐之味。通俗一点说："醍醐灌顶"的人，即豁然开悟的人。苏东坡不仅自己开悟了，而且在度化众生。讲了这么多水之美，最后送茶友们一首足庵智鉴禅师写的偈：

世尊有密语，迦叶不覆藏。
一夜落花雨，满城流水香。

在茶人眼里地水是水，天水也是水，江水、井水、泉水、雪水、露水、雨水都是水。谁能闻到"满城流水香"，谁就真正领会了水的美。

四
茶艺：器之美

1 │ 茶具的造型美观

中国茶艺中的器之美，包括茶具本身的形之美和茶具搭配后的组合美两个方面。茶具的形之美是客观存在的美，要懂得欣赏；茶具经过搭配之后的组合美，则要靠茶人自己在茶事活动中去灵活创造。

在众多茶具中最有美学价值，最受人推崇褒爱的首推紫砂壶。按照壶的泥质，宜兴紫砂壶可以分为紫砂壶、朱砂壶、绿泥壶和调砂壶四类；按照造型可分为光货、花货、筋囊货三类。各类紫砂壶共同的特点是在壶上凝结着厚重的文化内容，体现了中国传统文化和民族艺术的精髓，折射出中国古典美学崇尚质朴、崇尚自然的欣赏倾向。

从造型艺术上看，紫砂壶"方不一式，圆不一相"，以方和圆这样简单的几何体创出无穷的变化，在变化中又恪守了中国古典美学"和而不同，违而不犯"的法则。方壶则壶体光洁，块面挺括，线条利落。圆壶则在"圆、稳、匀、正"的基础上变出种种花样，让人感到形、神、气、态兼备。紫砂壶的造型千姿百态，有的纤娇秀丽，有的圆肥墩厚，有的拙纳含蓄，有的古朴典雅，有的妙趣天成，有的小巧洒脱，有的灵巧妩媚，有的韵味怡人，有的甚至表现出古代青铜器的狞厉美。

日本人奥兰田著的《茗壶图录》一书对紫砂壶的形态美做了绝妙的人格化描述。该书写道："温润如君子者有之，豪迈如丈夫者有之，风流如词客、丽娴如佳人、葆光如隐士、潇洒如少年、短小如侏儒、朴讷如仁人、飘逸如仙子、廉洁如高士、脱尘如衲子者有之。赏鉴好事家，深爱笃好，然后

五彩花卉提梁壶　清康熙

始可与言斯趣。"也就是说，我们要想懂得壶的真趣，首先应当"深爱笃好"。除此之外，还应当掌握鉴壶的基本技巧。

我们在鉴赏壶时，无论它的造型怎样千变万化，始终要注意以下五个方面：

一是看壶的嘴、把、体三个部分是否均衡。美本身就是一种均衡，各部分不均衡的壶很难称得上美。

二是看有没有神韵。即仔细观察从形态上流露出的艺术感染力。好的壶能从文静雅致中显出高贵的气度，从朴实厚重中让人觉得大智若愚；从线条的简洁明快中生出返璞归真的遐思；从自然的造型中让人感到生命的气息。

树瘿壶

葡萄纹壶

酱釉青花开光人物壶　清康熙

紫砂铭文壶

紫砂竹编形壶

铭文壶

汉钟壶

　　三是看泥质。好的壶泥质光华凝重，色泽温润，亲切悦目，古雅亲人。用手平托起壶身，然后用壶盖的边沿轻轻敲击壶身或壶把，发音清亮悦耳甚至有钢声，且余音悠扬者为上品。

　　四是看实用性能。好的壶应拿起来感到舒服适手。从壶中倾出茶汤时应出水流畅，水柱光滑而不散乱，俗称"七寸注水不泛花"。也就是说，在倒茶时茶壶离杯子七寸高而倒进杯子的茶水仍然呈圆柱型，不会水珠四溅。好的壶还要"收断水"利索自如，壶嘴不留余水。

　　五是看装饰。看装饰主要是看浮雕、堆雕、泥绘、彩绘、镶嵌、陶刻、铭文、印鉴等的款式和水平。好的铭文应文学内涵隽永，书法功力精深，镌刻用刀神韵精到，否则即是画蛇添足，不但不会使壶增色增价，相反会破坏壶的美感。

　　古人讲"操千曲而后晓声，观千剑而后识器"，要想提高自己对紫砂壶的鉴赏能力，除了要提高自己的文化艺术素养外，最好的办法就是多看名壶。名壶是制壶大师心灵的产物，它往往集哲学思想、自然韵律、茶人精神、书画艺术、造型艺术于一身。

2 │ 茶具的选用和搭配传递美感

茶人将茶具进行搭配组合，是在茶艺活动中对美的创造。一般而言，茶人在茶具选用和搭配时要注意两个方面的问题。

西湖龙井茶汤

首先，茶具的选用要与所要泡的茶叶相适应。例如，冲泡龙井或君山银针等名茶不宜选用紫砂壶或三才杯，最好选用晶莹剔透的玻璃杯，这样才能在冲泡过程中欣赏到细嫩的茶芽在温水的浸泡下慢慢舒展开来的有趣情景。龙井茶在玻璃杯的温水中吐出它的芬芳的同时，使白水渐渐地现出生命的绿色，这会使人想到凤凰涅槃，感到杯子中茶芽的生命在复苏。而君山银针冲泡过程中会在玻璃杯中"三浮三沉"，最终一根根茶芽沉到水下，但仍竖立在杯底，像一棵棵笋芽在渴望着向上生长。这会使人联想人生的坎坷，联想到仕途或商海的沉浮……而如果选用紫砂壶或白瓷杯来冲泡这种茶，就看不到这些美景。

所以，如果选择器具不适合，无论选择的茶具多么精美、多么华贵，从审美的角度来看，都是失败的。因为在这次茶事过程中，无法欣赏茶叶在杯中吸收水分后所展现出的活生生的美。

其次，茶具的搭配应注意各件茶具外形、质地、色泽等方面的协调，注意对称美与不均衡美的综合应用。初学茶艺的人，最常见的毛病是只喜欢选用质地相同的、清一色的整套茶具，而不敢打破原有的配套，进行一些对比独特的颜色组合。比如用古朴的紫砂壶配精巧细致的白瓷杯，用石质茶盘配白瓷小盖碗等。

五
茶艺：境之美

1 | 环境美

品茶环境包括外部环境和内部环境两个部分。

关于外部环境，中国茶艺讲究野幽清寂，渴望回归自然的意境。唐代诗僧灵一的诗："野泉烟火白云间，坐饮香茶爱此山。岩下维舟不忍去，青溪流水暮潺潺。"钱起诗曰："竹下忘言对紫茶，全胜羽客醉流霞。尘心洗尽兴难尽，一树蝉声月影斜。"他们所描述的都是茶人对自然环境的追求。第一首诗中的"山泉潺潺，青烟袅袅，白云悠悠"，自有说不尽的野幽情趣，所以灵一和尚品茶品到暮色苍茫仍舍不得回寺。第二首诗中的"竹影婆娑，蝉鸣声声，夕阳西斜"，是典型的清寂的环境，在这种环境中想起和他的好友赵莒品饮着紫笋清茶感到俗念全消，尘心洗净，心灵空明，乐而忘返。中国

玉川先生煎茶图

秋山萧寺图

茶艺讲究林泉逸趣，因为在这种环境中品茶才是真正意义上的品茶。在这种环境中品茶，茶人与自然最容易进行精神上的沟通，茶人的内心世界最容易与外部环境交融，使尘心洗净，达到精神上的升华。中国茶艺所追求的幽野清静的自然环境美，大体上可分为几种类型：

幽寂的寺院美，如"鸟声低唱禅林雨，茶烟轻扬落花风""曲径通幽处，禅房花木深"；

幽玄的道观美，如"涧花入井水味香，山月当人松影直""云缥缈，石峥嵘，晚风清，断霞明"；

奇峰万木图

幽静的园林美，如"远眺城池山色里，俯聆弦管水声中。幽篁映沼新抽翠，芳槿低檐欲吐红"；

幽清的田园美，如"蝴蝶双双入菜花，日长无客到田家""黄土筑墙茅盖屋，门前一树紫荆花"。

其实，只要有爱美之心和审美的素养，大自然的竹林中、松阴里、小溪旁、翠岩下，处处都是品茗佳境。

品茶的内部环境则要求窗明几净，装修简素，气氛温馨，格调高雅，使人有亲切感和舒适感。

2 | 艺境美

古人认为"茶通六艺"，品茶时也讲究"六艺助茶"。"六艺"是指琴、棋、书、画、诗和金石古玩的收藏与鉴赏。一般情况下，以六艺助茶，更加注重的是音乐和字画。

我国古代士大夫修身的"琴、棋、书、画"四课中，琴被摆放在了第一位，它是音乐的代称。儒家的观点认为：修习音乐可以培养情操，提高素养，使生命的过程更加快乐和美好。所以，在古代，音乐是每个文化人的必修课。纵观我国历史上的精英人物，几乎都是精通音律、深谙琴艺的，如孔子、庄子、宋玉、司马相如、诸葛亮、王维、白居易、苏东坡等都是弹琴高手。荀子在《乐记》中说："德者，性之端也；乐者，德之华也。"把"乐"上升到"德之华"的高度去认识，足以证明古代君子修身养性过程中音乐的重要性。

在茶艺过程中注重用音乐来营造艺境，这是因为音乐——特别是我国古典名曲重情味、重自娱、重生命的享受，有助于为我们的心接活生命之源，有助于陶冶情操。目前，大量背景音乐在宾馆、餐厅、茶室里被普遍应用，但这类场所的音乐大多数只是为了充当陪衬，处于无足轻重的地位，一般也没有鲜明的主题，没有针对性，完全是凭个人兴趣任意播放。中国茶道在茶艺过程中播放的音乐要求，应是为了促进人的自然精神的再发现和人文精神的再创造而精心挑选的乐曲。

3 | 人境美

人境是指品茗时，品茗人数的多少及其人格所构成的人文环境。明代张源在《茶录》中讲道："饮茶以客少为贵，客众则喧，喧则雅趣会泛泛矣。独啜曰幽，二客曰胜，三四曰趣，五六曰泛，七八曰施。"近现代有不少爱茶人把张源的观点当作品茗的金科玉律。然而，在现代茶艺馆中，商家不可能限制品茗者的具体人数，只能依靠循循善诱，引导客人去感受不同的人境美。有研究人士认为品茶不忌人多，但忌人杂。人数不同，可以感受到不同的意境：独品得神，对啜得趣，众饮得慧。

荷汀水阁图

（1）独品得神

一般情况下，一个人品茶时不会受到外界的干扰，更容易使内心平静，精神集中，情感随着飘然四溢的茶香而升华，思想达到物我两忘的境界。

一个人独自品茶时，实际上是品茶人的心在与茶对话，与大自然对话，此时容易做到心驰宏宇，神交自然，可尽得中国茶道之神髓，所以称为"独品得神"。

（2）对啜得趣

品茶不但是人与自然的沟通，而且还是茶人之间心与心的沟通。品茶时，邀一知己相对品茗，毫无保留地倾述衷肠，可达到无需多言即能做到心有灵犀一点通，或松下品茗论弈，或幽窗啜茗谈诗，这些都是人生应该享受的一大乐事，具有无穷的情趣，所以称为"对啜得趣"。

秋森晚景图

（3）众饮得慧

孔子曾经说过："三人行，必有我师。"

众人品茗时人多，议论的话题多，交流的信息也多。身处茶艺馆清静幽雅的环境中，品茶者最容易打开平时深藏心中的"话匣子"，彼此交流思想，启迪智慧，能够学到很多书本上学不到的东西，所以称为"众饮得慧"。

4 ｜ 心境美

品茗是心的歇息、心的"放牧"，所以，品茗环境应当像一座风平浪静的港湾，让那些被生活风暴折磨得疲惫不堪的心能够得到充分的歇息。品茗场所应当像芳草如茵的牧场，让平时被"我执""法执"所囚禁的心在这里能无拘无束地漫步；像温暖宜人的清泉，让品茶者被世俗烟尘熏染了的心在这里能彻彻底底、坦坦

江边作别图

荡荡地洗个干净。

　　品茗时，好的心境十分重要，好的心境主要是指：闲适，虚静，空灵。然而，生活在现实社会生活中的个人，总不能不食人间烟火。工作上必然会遇到激烈的竞争，学习上不断要更新知识，仕途上难免会坎坷不平，感情上难免阴晴圆缺，生活上或许还会为柴米油盐发愁。

秋江平远图

六

茶艺：艺之美

1 ｜ 茶艺程序编排的内涵美

俗话说："外行看热闹，内行看门道。"由于茶文化在我国大陆刚刚开始复兴，所以对茶艺美的赏析还处于初级阶段。在观赏茶艺时，不少茶艺爱好者往往只注重表演时的服装美、道具美、音乐美以及动作美，却忽视了最本质的东西——茶艺程序编排的内涵美。一套茶艺的程序到底美不美，要看四个方面。

第一，要看是否"顺茶性"。也就是说按照这套程序来操作的话，能否把茶叶的内质发挥得淋漓尽致，从而泡出一壶可口的好茶来。从前面的介绍可以知道，我国的茶叶可分为基本茶（自然茶）和再加工茶两大类。前者包括绿茶、红茶、白茶、黄茶、黑茶和乌龙茶（青茶）等六类，而后者中常用于茶艺表演的有花茶和紧压茶。每类茶的茶性各有不同，比如老嫩程度、粗细程度、火工水平、发酵程度等，所以，冲泡不同的茶时所选用的水温、器皿、冲泡时间、投茶方式等也应有所不同。茶艺是种生活艺术，它重在自娱、自享，重在实用，而非表演。如果按照某套茶艺去操作，结果却不能把茶的色、香、味充分地展示出来，泡不出一壶真正的好茶，那么表演得再好看也称不上是好茶艺。

第二，要看是否"合茶道"。也就是要看这套茶艺是否符合茶道所倡导的"和静怡真"的基本理念和"精行俭德"的人文精神。茶艺表演既要以艺示道，又要以道驭艺。以艺示道，即通过茶艺表演来传达和弘扬茶道的精神。以道驭艺，就是茶艺的程序编排必须符合茶道的基本精神，以茶道的基本理论作为指导。某些地区的功夫茶茶艺中的"关公巡城""韩信点兵"，茶艺程序编排得很传统、很流行，也很形象，但由于其中刀光剑影、杀气太重，有违茶道的以"和"为哲学思想核心的基本精神，所以也不能称作是好的茶艺程序。

第三，要看是否科学卫生。目前，我国流传较广的茶艺大多是在传统的民间茶艺的基础上发展而来的。按照现代眼光去看，有个别程序是不科学、不卫生的。例如，有的地区的茶艺要求泡出的茶应烫嘴，烫嘴的茶喝着才过瘾。从现代医学卫生理论来看，过烫的食物会反复刺激口腔黏膜，容易导致口腔病变，从而诱发口腔癌。有些茶艺的洗杯程序，是把整个杯子放在一小碗水里洗，甚至有的是杯套杯滚着洗，这样会使杯外的脏物进入到杯内而越洗越脏。对于祖国传统文化，继承是前提，创新和发展是责任。对于传统民俗茶艺中不够科学和卫生的程序，在整理发展时应当丢弃。

第四，要看文化品味。这主要是指茶艺程序的名称和解说词要具有较高的文学水平，解说词的内容应当生动准确，具有知识性和趣味性，在介绍所冲泡的茶叶的特点和历史时，解说应当有一定的艺术水准。

2 ｜ 茶艺表演的动作美和神韵美

每一门表演艺术都有其自身的个性和特点，如话剧、歌剧、舞剧、电影、越剧和京戏表演等，均对其动作美和神韵美有各自不同的要求。我们一直强调，茶艺是一门生活艺术而不是舞台艺术，目的之一就是力求能使茶艺爱好者对茶艺的艺术特点有一个正确的认识。只有这样，在表演的时候才能准确把握特性，掌握尺度，展现出茶艺独特的美学风格。和其他的表演艺术相比，茶艺更贴近生活，更直接地为生活服务，其动作不强调难度，而是强调生活实用性，以及在此基础上去表现流畅的自然美。这有点像韵律操和竞技体操的区别，茶艺是韵律操而不是竞技体操。

在表演风格方面，茶艺注重自娱自享和内省内修。这就像太极拳和气功，它们虽然也可以用来表演，但本质上还是个人修身养性的手段。正确认识了茶艺的艺术特点和表演风格，也就明白了茶艺之美。从神韵上看，应当是"庖丁解牛"之美，而非"公孙大娘舞剑"之美。从外在形式上看，是自然之美，中和之美，出水芙蓉之美，而非惊险之美，夸张之美，镂金错彩之美。

"庖丁解牛"是《庄子·养生主》中的一个有名的故事。故事的原文是：

庖丁为文惠君解牛，手之所触，肩之所倚，足之所履，膝之所踦，砉然向然，奏刀騞然，莫不中音，合于《桑林》之舞，乃中《经首》之会。文惠君曰："嘻！善哉！技盖至此乎？"庖丁释刀对曰："臣之所好者道也，进乎技矣。"

这段话的大意是：有一个叫庖丁的厨师为梁惠王宰牛，手所接触的地方，肩所倚靠的地方，脚所踩着的地方，膝所顶着的地方，都发出皮骨相离声，进刀时发出騞的响声，这些声音没有不合乎音律的。它合乎《桑林》舞乐的节拍，又合乎《经首》乐曲的节奏。梁惠王说："嘻！好啊！你的技术怎么会高明到这种程度呢？"庖丁放下刀回答说："臣下所喜好的是自然的规律，这已经超过了对于宰牛技术的追求。"

庄子的这个寓言对中国的传统美学影响深远。宰牛，分割牛肉本是件十分笨重和粗野的劳动，但是由于庖丁心中有"道"，他能够超脱利害观念，以精练的技巧和空灵的心境来从事这项笨重的作业，从而使得宰牛像音乐舞蹈一样轻巧优美。另外，庖丁本人也在劳动中实现了对美的追求，得到了创造的自由，获得了审美愉悦和精神享受。所以，他"提刀而立，为之四顾，为之踌躇满志"。从这个故事中，我们能够得到这样的启发：泡茶也是日常生活中的一项平凡劳动，只要我们以茶道为准绳，一心一意，不事张扬，认真泡茶，当技巧十分熟练以后，必定会实现"技"的升华，完成"道"对技的超越。这样，不仅你本人在平凡的劳动中能够享受到精神的愉悦和创造的自由，别人也会从你朴实的操作中得到美的享受。这种美与《桑林》和《经首》那样的古典乐舞一样，销魂夺魄，韵味无穷。

"韵"是我国艺术美学的最高境界，可解释为动心、传神、有余意。古典美学中常说"气韵生动"，在茶艺表演中，要想达到这个境界须经过三个阶段的训练。第一阶段要求达到熟练，这是基础，因为只有熟才能生巧；第二阶段要求动作规范、到位、细腻；第三阶段才是要求传神达韵。在第三个阶段的练习中要特别留意"静"和"圆"。关于以静求韵，明代著名琴师杨表正在其《弹琴杂说》中讲的很生动。他说："凡鼓琴，必择净室高堂，或升层楼之上，或于林石之间，或登山巅，或游水湄，或观宇中；值二气高明之时，清风明月之夜，焚香静室，坐定，心不外驰，气血和平，方与神合，灵与道合。"也就是说，要想弹好琴，必须身心俱静，气血平和。茶通六艺，琴茶一理。在茶艺表演中要达到气韵生动的境界，也必须身心俱静，只有这样，才能全神贯注于茶艺表演，才能细微深入地去体会自己内心的感受，才能体态庄重，舒展自如，轻重缓急自然有序，使平凡的泡茶过程有意境，见韵味。"圆"是指整套动作要一气呵成，成为一个生命的有机体，让看的人感受到有一股元气在其中流转，感受到生命力的充实与弥漫。

第四章 中国名茶

一 江苏名茶

1 | 碧螺春

碧螺春是我国名茶中的珍品，以"四绝"闻名中外，即形美、色艳、香浓、味醇。

碧螺春始于何时以及名称的由来，说法大致有三种。据清代《野史大观》记载："洞庭东山碧螺峰石壁，产野茶数千株，土人称曰：'吓煞人香'。"康熙年间有官员向朝廷进贡此茶，因为名称不雅，遂改为"碧螺春"。

又据相传，明朝期间，宰相王鏊是东后山陆巷人，"碧螺春"——名系他所题。又据《随见录》载："洞庭山有茶，微似芥而细，味甚甘香，俗称'吓杀人'，产碧螺峰者尤佳，名'碧螺春'。"如此记载为实，则"碧螺春"茶应始于明朝，在乾隆下江南之前就已很出名了。

碧螺春茶叶

也有人认为：碧螺春是因色泽碧绿，形状卷曲如螺，采于早春而得名。

不管碧螺春的名称由来如何，该茶历史悠久，早为贡茶是毋庸置疑的。

碧螺春产于江苏吴县太湖洞庭山。洞庭分东、西两山，东山像一巨舟伸进太湖的半岛，西山则是一座屹立在湖中的岛屿。两山气候温和，年平均气温15.5～16.5℃，年降雨量1200～1500毫米，太湖水面，水气升腾，雾气萦绕，空气湿润，且土壤质地疏松，非常适宜茶树生长。

碧螺春产区是我国著名的茶、果间作区。茶树和李、桃、梅、杏、橘、柿、石榴、银杏

碧螺春茶汤

等果木交错种植，茶树、果树根脉相通，枝桠相连，茶吸果香，花窨茶味，陶冶着碧螺春花香果味的天然品质。正如明代《茶解》所说："茶园不宜杂以恶木，唯桂、梅、辛夷、玉兰、玫瑰、苍松、翠竹之类与之间植，亦足以蔽覆霜雪，掩映秋阳。"

碧螺春原植物

碧螺春采制技艺高超，采摘有摘得早、采得嫩、拣得净三大特点。每年春分前后开采，谷雨前后结束，以春分至清明采制的明前茶品质最为名贵。一般采一芽一叶初展，芽长1.6～2.0厘米的原料，叶形卷如雀舌，称为"雀舌"，炒制500克高级碧螺春需采6.8万～7.4万个颗芽头，历史上曾有500克干茶达到约9万个芽头，可见茶叶之幼嫩、采摘功夫之深非同一般。细嫩的芽叶，含有丰富的茶多酚和氨基酸。优越的环境条件和优质的鲜叶原料，是碧螺春品质形成的物质基础。碧螺春通常当天采摘，当天炒制，不炒隔夜茶。

碧螺春的外形条索纤细，卷曲成螺，满身披毫，银白隐翠，香气浓郁，滋味鲜醇甘厚，汤色碧绿清流，叶底嫩绿明亮。有"一嫩（芽叶）三鲜（色、香、味）"之称。"铜丝条，螺旋形，浑身毛，花香果味，鲜爽生津"，是当地茶农对碧螺春的经典描述。

雨花茶原植物

纸包茶叶是碧螺春的传统贮藏方法，袋装块状石灰，茶、石灰间隔放置缸中，加盖密封吸湿贮藏。随着科学的不断发展，其包装也在不断改进，近年来采用三层塑料保鲜袋包装，分层紧扎，隔绝空气，放在10℃以下电冰箱或冷藏箱内贮藏，久贮年余，其色、香、味仍如新茶，鲜醇爽口。

2 │ 雨花茶

南京建城已有2400多年，与北京、西安、洛阳并称为中国"四大古都"。自东吴孙权迁都南京以来，历史上先后有10个朝代在此建都，因此南京又有"十朝都会"之称。

雨花茶茶汤

雨花茶茶汤

雨花茶茶汤

无锡毫茶原植物

南京文化古迹很多，如中山陵、中华门、夫子庙、石象路、灵谷寺、三国东吴所筑石头城遗址、明代朱元璋的陵墓（明孝陵），以及革命纪念地雨花台等，提到雨花台，自然会联想到雨花茶、雨花石，它们均因产于雨花台而得名。

雨花茶于1958年研制成功。1961年以来曾先后数次荣获省优、部优产品称号，被列为全国名茶之一。

雨花茶采摘精细，要求长度一致，嫩度均匀，不采病虫芽、空心芽、紫芽。特级茶一芽一叶占总量的80%以上。一般炒制500克特级雨花茶，约需采4.5万个芽叶。

雨花茶的品质特色是紧、直、绿、匀。雨花茶形如松针，条索紧直、浑圆，两端略尖，锋苗挺秀，茸毫隐露，色呈墨绿，香气浓郁，滋味鲜醇，汤色绿而清澈，叶底嫩匀明亮。沸水冲泡，芽芽直立，上下沉浮，犹如翡翠，清香四溢。

3 | 无锡毫茶

无锡是江南著名的历史文化名城，自古物产丰富，富庶江南，是中国著名的"鱼米之乡"。早在明代就有冶坊、制砖、缫丝、织布、陶瓷等手工业。20世纪以来，更以工商业闻名于世，素有"小上海"之称。

无锡毫茶就产于美丽富饶的无锡市郊，这里群山环抱，周围丘陵起伏，山上树木郁郁葱葱，山下太湖碧波荡漾。无锡北面惠山的惠山泉素有"天下第二泉"之称。名茶、名湖、名泉三者汇为一体，相得益彰。

无锡毫茶是江苏名茶中的新秀。1973年，无锡茶树品种研究所等单位的科技人员开始研制，几经周折，终于在1979年通过了科技鉴定，相继获得了省、市重大科技成果奖，"优质名茶"称号。1986年，无锡毫茶被国家商业部定为全国名茶之一。1989年，在西安国家农牧渔业部优质农产品评比会上，无锡毫茶又荣获"全国名茶"称号。

无锡毫茶具有条索肥壮卷曲，色灰透翠，身披茸毫，香高持久，滋味鲜醇，汤色绿而明亮，叶底肥嫩明亮的特点。

4 ｜ 雀舌茶

雀舌茶是江苏省新创制的名茶之一，因形似雀舌而得名。20世纪80年代开始试制，1985年在江苏省名茶评选会上，名列前茅。同年，在国家农牧渔业部、中国茶叶学会联合召开的全国名茶评展会上，它获得"部优质茶"称号。雀舌茶产于金坛方麓茶场，属扁形炒青绿茶。它具有外形扁平挺直，条索匀整，形似雀舌，色泽绿润，香气清高，滋味醇爽，汤色嫩绿明亮，叶底嫩匀，成朵明亮的特点。内含成分丰富，氨基酸、茶多酚、咖啡碱含量较高。

雀舌茶

雀舌茶

5 ｜ 花果山云雾茶

古典名著《西游记》曾这样描写花果山下的连云港，"烟霞散彩，日月耀光"。连云港像一颗璀璨的明珠，镶嵌在祖国18000千米海岸线的脐部。

早在50000年前，就有人类在这里活动，锦屏山南麓的桃花涧就是旧、新石器时代遗址。连云港市宽阔、漫长、幽静的海岸，是避暑疗养的胜地。楫舟、海浴、垂钓、散步，无一不宜。这里文物古迹丰富，自然风光优美，具"海、古、神、幽、奇、泉"六大旅游特色。

花果山位于江苏省连云港市的云台山区，濒临黄海，山势不高，气候温和湿润，昼夜温差大，茶树生长在花果成片、丛林密布的坡地上，花香、果味陶冶着云雾茶的天然品质。

花果山云雾为江苏省三大名茶之一，是连云港市的特产。花果山属于云台山脉，而云台山产茶历史悠久，古代就有"茶山"之称，所产云雾茶早已闻名，被列为贡品。

花果山云雾

花果山云雾茶具有条索坚结，浑圆，锋苗挺秀，形似眉状，白毫显露，香高持久，滋味鲜浓，汤色绿而清澈，叶底朵朵嫩绿，匀整明亮的品质特点。

6 | 阳羡紫笋

宜兴市地处长江三角洲太湖流域，是江苏省最南边的一个县，素以陶瓷工艺扬名，有"陶都"之称。这里气候温和，雨量充沛，土地肥沃，盛产茶叶、大米、毛竹、溪蟹和太湖鱼虾，是江南著名的"鱼米之乡"。境内山多水多，山水相依，景色迷人。

阳羡紫笋原植物

宜兴市又以茶叶生产基地著称，所产阳羡紫笋历来与杭州龙井茶、苏州碧螺春齐名，被列为贡品。

宜兴古称阳羡，已有1200多年历史，是中国最早享有盛名的古茶区。据记载：唐肃宗年间列阳羡紫笋（阳羡紫笋因鲜芽色紫形似笋而得名）为进贡珍品，这是因为"茶圣"陆羽认为阳羡茶"芳香冠世产"，可以上贡给皇帝。常州刺史（宜兴属常州）李栖筠采纳了他的建议，即在鼋画溪（距今湖㳇约一里处）旁造起茶舍，每年采制茶叶万两进贡。因此，阳羡茶的盛名是与陆羽分不开的。

直到宋代，贡茶产区南移至福

建，从此阳羡紫笋渐渐式微。

　　新中国成立前，宜兴茶园面积仅有1万亩，茶叶产量3500担。新中国成立后，尤其是改革开放后宜兴茶叶产业发展迅猛。目前，茶叶面积6万多亩，占江苏省茶叶面积20％；年产5000多吨，占全省茶叶产量的40％。宜兴成为全国重点茶叶基地。各类名优茶如阳羡雪芽、荆溪云片、竹海金茗、善卷春月等先后多次获得全国金奖、省"陆羽杯"特等奖、一等奖等荣誉。

阳羡紫笋生境

二

安徽名茶

1 | 黄山毛峰

安徽省最为著名的风景区自然是黄山，而最有名的茶叶当然就是"黄山毛峰"了。黄山位于安徽省南部，古时称黟山，唐代改为黄山，现属于黄山市。黄山面积广大，南北约有40千米，东西约30千米，风景区方圆154平方千米，总面积大约1200平方千米，号称"五百里黄山"。

黄山向来被誉为"中国第一奇山"，山脉绵延250千米，走向为东北一西南。千峰竞秀，万壑峥嵘，山势峻极而险幻，千米以上的高峰有77座。黄山的36大峰，峻峭巍峨，而其36小峰则秀丽峥嵘。莲花峰、光明顶和天都峰三大主峰，海拔均在1800米以上。黄山树木茂盛，古树繁多，森林覆盖率高达86.6%，有近1500种植物、500多种动物，寺庙、亭阁及摩崖石刻多达200余处。

黄山以"奇松、怪石、云海、温泉"四绝闻名遐迩。1990年，联合国教科文组织将其列入《世界遗产名录》，成了全人类的瑰宝。

春季，黄山绿意盎然。终年不散的云雾滋润着山里的茶树，使黄山的茶叶具有一种独特的风韵。黄山多松树，其茶叶也有一种松树的气质，修长挺拔，名闻天下。

黄山毛峰

黄山产茶历史悠久，明朝中叶便已很有名。只是那时还不叫毛峰，依据黄山云雾缭绕的特点，人们称其为"云雾"，所以"黄山云雾"便是黄山毛峰的前身。

黄山毛峰是由清代光绪年间的谢裕泰茶庄所创制。茶庄的创始人谢静和，歙县漕溪人，从事茶业，不但经理茶庄，而且精于茶叶采制技术。1875年后，为满足市场需求，每年清明时节在黄山的充川和汤口等地摘取肥嫩的茶叶芽尖，精心炒焙，取名"黄山毛峰"，远销华北及东北一带。

黄山风景区内，海拔700～800米的云谷寺、松谷庵、吊桥庵、桃花峰、紫云峰以及慈光阁一带是特级黄山毛峰的主要产区。风景区周围的岗村、杨村、芳村及汤口也是黄山毛峰的重要产地，历史上曾称其为"黄山四大名家"。如今黄山毛峰的生产已扩充至黄山山脉南北麓的黄山市歙县、黟县、徽州区及黄山区等地。那里气候温和，雨量丰沛，山高谷深，层峦叠翠，溪涧密布，森林繁茂，土层深厚，地质疏松，透水性好，富含有机质和磷钾肥，适合茶树的生长。

黄山毛峰原植物

特级黄山毛峰采摘于清明前后，1～3级"黄山毛峰"是于谷雨前后采制。鲜叶进厂后首先进行挑拣，拣出不符合要求的梗、叶及茶果，以保证芽叶品质匀净。再把嫩度不同的鲜叶分别摊放，使其散失部分水分。为保质保鲜，茶叶要求上午采摘，下午制茶；下午采摘，当夜便制。

制作时分杀青、揉捻及烘焙三道工序，每道工序都必须严格依据标准进行。不同级别的黄山毛峰其标准不同，冲泡出来的滋味也有很大差别。

黄山毛峰分有特级和1～3级。特级黄山毛峰又分为上、中、下三个等级，1～3级则各分为两个等级。

特级黄山毛峰乃是我国"毛峰"中的极品，形似雀舌，壮实匀齐，清香高长，汤色澄澈，滋味醇厚、鲜浓且甘甜，叶底嫩黄，肥壮成朵。象牙色和金黄片是特级黄山毛峰与其他"毛峰"的外形不同的两大显著特征。

2 ｜ 太平猴魁

太平湖风景区位于安徽省黄山市黄山区境内，是一颗镶嵌在"黄山—太平湖—九华山"黄金线上的璀璨明珠，被誉为"江南翡翠""黄山情侣"及"东方日内瓦"。

太平湖是安徽省最大的人工湖，由黄山和九华山的天然山泉水汇集而成，湖水面积为88.6平方千米，平均水深40米，最深达70米，属国家一级水体。湖水终年碧透澄澈，湖畔的青山绵延起伏，东部水域蜿蜒曲折，西部宽广开阔，湖中岛屿散落如珠，风姿卓越，仪态万千。诗人毕朔望曾如此赞美道："天池无此亲切，太湖无此幽深，三峡无此青翠，漓江无此烟云，富春无此高寒，西子无此胸襟，乾隆无此眼福，江南无此水程。"

太平湖的动植物资源非常丰富，共有树种41科400多种，可供观赏的花木有183种，哺乳动物70多种，禽类动物170多种，爬行类动物40多种，淡水鱼40多种，而且一年四季鲜果不断，较著名的有雪梨、淡水干鱼、猕猴桃、凉柿、香榧、黄山毛峰及太平猴魁等。

太平猴魁

太平县，现改为黄山市黄山区，产茶的历史可追溯至明朝以前。清末南京的江南春、太平春及叶长春等茶庄，纷纷于太平产区设立茶号，收购加工"尖茶"（太平县及宁国一带是著名的"尖茶"产区）以运销南京等地。江南春茶庄从尖茶中拣取幼嫩芽叶作为优质尖茶投放市场后一举成功。后来，猴坑茶农王老二（王魁成）在凤凰尖茶园选用肥壮幼嫩的芽叶，精工细制成"王老二魁尖"。由于猴坑所产"魁尖"风格独特，品质超群，令其他产地的"魁尖"难以"鱼目混珠"，特地冠以猴坑地名，称为"猴魁"。1912年，在南京农商部和南洋劝业场展览时，猴魁荣获优等奖；1915年，又于美国举办的巴拿马万国博览会上，荣获一等金质奖章与奖状。自此"太平猴魁"蜚声中外。

太平猴魁

太平猴魁的产区仅限于猴坑一带，产量较少。其他地区所产统称"魁尖"，与猴魁相比，制法基本相同，外形也相似，甚至可"以假乱真"，但是品质风格却"泾渭分明"，难作攀比。以往是依据品质划分等级，确定名称，猴魁为上品，魁尖次之，再依次为贡尖、天尖、地尖、人尖、和尖、元尖及亨尖等。如今按品质划分，猴魁为极品，分1~3等，魁尖次之，也分1~3等，称上魁、中魁、次魁，以下则统称尖茶，分6级12等。

太平猴魁外形为两叶抱芽，扁平挺直，自然舒展，白毫隐伏，有"猴魁两头尖，不散不翘不卷边"的说法。叶色苍绿盈润，叶脉绿中带红，俗称"红丝线"。汤色明净清绿，叶底嫩绿匀亮，芽叶肥壮成朵。品茶时可领会到"头泡香高，二泡味浓，三泡四泡幽香犹存"。

太平猴魁原植物

3 | 九华毛峰

通常太平湖和九华山是可以一起游玩的，黄山与九华山两山夹一湖，且山水相连。九华山位处安徽省池州地区，是中国四大佛教名山之一。

九华山原名为九子山，唐代大诗人李白见此山"高数千丈，上有九峰如莲花"，便赋诗更名为九华山。唐代开元年间，新罗朝鲜古国国王潜心修持75年，99岁圆寂，佛门认定他为地藏菩萨化身，九华山因此被辟为地藏道场。明清鼎盛时期，寺院多达360余座，僧尼达四五千人。"胜境层层别，高僧院院逢"，香火鼎盛甲天下。现存有94座古寺庙，1万余尊佛像，2000余件文物，僧尼700余人。

最令九华山地区的人自豪的除名山之外，通常都要说到名茶。九华山产茶历史悠久，开始于唐，兴盛于宋，最初是僧人所栽，寺院独享，以供坐禅驱睡和招待香客与游人。清代有记载，九华山茶园在九华山巅，四壁峻峭，终日沉雾团风，含云吐烟，地势奇险，所产之茶便有种独特的幽香，出了这茶园，茶叶气味就不同了。

九华山茶的花色品种繁多。闵园毛峰和黄石溪毛峰两种茶曾经在1915年巴拿马万国博览会上同获金质奖章。其他名茶却历经世道沧桑后于"物竞天择"中失传，但其美名却仍于山僧和村民中广为传颂，并且多带有佛山仙境的传奇色彩。再次证实，失去的才是最美好的。

好茶都生长在好地方，九华毛峰也不例外。如今其产区在九华山脉，而九华山主峰十王峰海拔1342米，另外千米以上的高峰也有像莲花峰等10多座，山中多山泉瀑布与奇峰怪石，峰峦叠嶂，林木繁茂，竹海绵延。峰顶悬崖上的一座座琼楼玉宇，于云雾中时隐时现，烟涛云海，变化万千。黄山山区与九华山区是安徽省两个主要的毛峰茶产区，九华毛峰品质仅次于黄山毛峰，是安徽省的主要历史名茶。

九华毛峰的品质特征如下：外形条索微曲，匀齐显毫，色泽绿润微微泛黄，香气高长，火功饱满，汤色黄绿鲜亮，茶味鲜醇回甘，叶底柔软匀亮成朵。

4 | 祁门红茶

如今常常能见到祁门红茶的广告，但这仅是一种茶味饮料而已。真正的祁门红茶可在茶叶店买到，而生产祁门红茶的祁门也是一个不错的旅游景点。

到祁门后可先观赏国家级自然保护区牯牛降，这里沟壑纵横，群峰竞秀，远望恰似一头牯牛横卧于顶峰，奇松、怪石、云海、飞瀑与佛光被称为"牯牛降之风光五绝"，被誉为"未被开发的黄山"和"动植物天然宝库"。而且祁门有恢弘的历史文化，属于著名的徽州文化一脉，有独具风格的古建筑贞一堂、余庆堂、文峰塔一府六县与古戏台，还有获"双桥映月"之称的平政、仁济二桥。

祁门红茶乃是我国传统红茶中的珍品，其生产有百余年的历史。根据记载，清光绪以前，祁门仅生产绿茶，称"安绿"。光绪元年（1875），黟县人余干臣从福建罢官后返籍经商，创立茶庄，仿照"闽红"制法试制红茶。1876年，余干臣来到祁门后，便扩大生产收购。由于茶价高、销路好，人们纷纷效仿改制，渐渐形成了祁门红茶。由于祁门自然环境条件优越，茶叶品质好，而且制茶技艺逐年提高，不久后"祁红"便已与当时著名的"宁红""闽红"齐名。"祁红"产区逐渐扩大，产量逐年增加，至1911年，生产购销最旺时年产高达6万担以上。后因军阀混战以及二次世界大战的破坏和影响，我国红茶的生产开始衰落，但"祁红"却一直维持着较好的产销形势。

祁门红茶自然产于祁门县了，除祁门县外，与其毗邻的石台、东至、黟县及贵池等县也有少量生产，年产量约为5万担。

祁门红茶色泽乌黑，且泛灰光，俗称"宝光"，汤色红艳，香气馥郁高长，如蜜糖香，且蕴含兰花香，滋味醇厚。国外将祁门红茶与印度的"大吉岭茶"及斯里兰卡乌伐的"季节茶"一同列为世界公认的三大高香茶。国外称"祁红"这种地域性的香气为"祁门香"，被誉"群芳最""王子茶""茶中英豪"。1915年巴拿马万国博览会时，祁门红茶曾获金奖。

祁门红茶，被列为我国的国事礼茶，英国饮茶者最喜饮"祁红"，特别是年纪较大者，有的作早餐茶饮用，有的作为午后茶中的珍品泡饮，或作陈列，以示高贵，或作珍物馈赠亲友。

祁门红茶主要远销英国，其次为丹麦、瑞士、瑞典、法国、荷兰、德国、美国、澳大利亚、日本、意大利、新加坡、加拿大、爱尔兰、芬兰等十几个国家，是地域性工夫红茶中属出口最多且售价最高的。根据记载，1931年出口一担"祁红"，卖价高达360两白银。通常情况下，"祁红"出口价格要超出其他工夫茶10％以上。

5 ｜ 顶谷大方、绿牡丹

歙县地处黄山南麓，山多峰高，云雾缭绕，泉水充沛。城外，练江似带绕城而过，一座新大桥和三座古石桥如四道彩虹飞架江上；城内，谯楼、瓮城、古街、古巷、古井、古石坊随处可见，古韵犹存，宋代两塔矗立于城西与城北，青山绿水间还可见当年李白寻访隐士许宣平的踪影。许国石坊和陶行知纪念馆这一古一今两建筑位于城中心，显示着徽州文化的继承与发展。还有激流奔腾、雪浪排空的渔梁古坝，齐集徽派盆景的多景园，陈列我国历代著名书法碑帖的新安碑园，以及高墙飞檐、鳞次栉比的往日徽商住宅区斗山街等均令人流连忘返。

顶谷大方

歙县的乡村几乎到处有"小桥流水人

家"的味道，不管是留存着桂花厅与桃花坝的雄村，还是七座牌坊逶迤成群的棠樾；不管是保留了"百鹿园"石雕的北岸、"百子图"砖雕的鲍家庄以及"百马图"木雕的大阜，还是耸立着丛林寺的小溪村；不管是踞于昌溪河畔的昌溪，还是立于新安江边的街口，其古朴的神韵和旖旎的风光，均是趣味横生。彼时的徽商财力雄厚，在家乡大兴土木，便给后世留下了这大量的古园林、古建筑以及丰富的古文物。而今，全县有84座明清牌坊，另有不少古寺、古塔与古桥，使人身临歙县仿佛是进入了一座古典建筑艺术的博物馆。

绿牡丹原植物

"高山出名茶"，歙县种茶开始于宋代嘉祐年间，兴盛于明代隆庆时期。现今，年产茶高达约10000多吨，是全国产茶量最高的县，其中的黄山毛峰、绿牡丹、顶谷大方和大谷炒青等珍贵名茶，堪称中国名茶之首。黄山毛峰前已专门介绍过，产于歙南的顶谷大方，亦是一种不可多得的好茶。其外形与龙井茶相似，形扁油滑，色如铁铸，含板栗香韵，味香浓烈。据传，歙县古代有许多庵寺，拾级而上，犹如身处天上宫阙。南宋时期，岭上有位名为大方的僧人，喜种植茶树，自制茶叶，研制出形似龙井、质如炒青的新茶，倍受南宋朝廷的青睐，后便取名"顶谷大方"。

歙县茶叶以炒青和烘青为主，其中，烘青茶窨制成白兰花茶、珠兰花茶和茉莉花茶，清香飘逸，茶味醇厚，在海内外均有广阔的市场。近年，为发扬名茶制作的传统，人们又研制出了一种新的名茶——绿牡丹，它用黄山毛峰制作成形状似球形牡丹，开汤时，于茶具中轻盈缓慢地绽放，上下浮动，恰似含苞怒放的牡丹花，细啜一口，满口清香。绿牡丹产量逐年增加，成为名茶之中受人喜爱的珍品。

6 | 涌溪火青

泾县为历史名城，素有"山川清淑，秀甲江南"之誉。月亮湾风景区层峦叠翠，溪涧溅珠，有广袤辽阔的原始竹林，山林中常有猴、鹰、巨蟒和梅花鹿等出没。还有你难以想象的壮硕的古藤，悠悠千年的参天巨木等等。泾县被国家林业部誉为"华夏第一竹乡"，5万余亩翠竹随山势一路起伏，竹海深处，人迹罕至。

电影《闪闪的红星》有两句歌词，"小小竹排江中游，巍巍青山两岸走"，此"江"便是泾县的汀溪河。它发源于宁国板桥森林自然保护区，蜿蜒而来，水中富含多种矿物质，两岸尽是葱郁竹木，少有人家。

泾县的青山秀水孕育出中国"十大名茶"之一的涌溪火青，曾为历朝贡茶，产于泾县黄田乡涌溪村，产茶历史已有500多年。涌溪火青的鲜茶叶如碧玉，味似花香；成品形若珠粒，落杯有声，色如墨玉，汤色杏黄明净，滋味甘甜醇正，形美质优，持久耐泡。其制作过程十分考究，采摘"两叶一心，身长八分"的涌溪大柳叶种茶叶的鲜叶，经过杀青、成形及烘干等18道工序，历经十几个小时，方能在专制罐锅中制出成品。

涌溪火青茶汤

7 │ 天柱剑毫

天柱山又叫皖山，位处安徽省潜山县境内，因其主峰"一柱擎天"而得名。

天柱山的西南麓海拔500～900米，为产茶园区。因地处大别山南麓，冬季寒流不易入侵，十分适宜茶树的生长，天柱剑毫即生产于此地。

天柱剑毫起源于古时天柱山的"开火茶"。这种茶历史悠久，早已经闻名四海。唐代杨华撰《膳夫经手录》道："舒州天柱茶，虽不峻拔遒劲，甘香芳美，良可重也。"北宋沈括《梦溪笔谈》中记述："古人论茶，唯言阳羡、顾渚、天柱、蒙顶之类。"一些文人墨客更是视其为茶中珍品。

天柱剑毫

唐宋时，天柱剑毫却于声名远播之后一下子销声匿迹，失传了，直至1985年潜山县才又重新开发出天柱剑毫。

这种茶，既像黄山毛峰一样耐泡持久，又有六安瓜片的浓郁芬芳，茶汤清绿明亮。因其旗枪挺直，浑身白毫，特冠以"天柱剑毫"的美名，也叫"天柱晴雪"。白毫显露是天柱剑毫的主要特点，在做白毫时，须使锅温稳定在50℃左右，将炒到六成熟的茶条理顺在手上，双手缓缓均匀揉搓，使白毫显露，这个过程费时15分钟。因此，中国人制茶，手工技艺是最吸引人的地方。

8 │ 舒城兰花、岳西翠兰

舒城地处大别山区，山川秀丽，旅游资源丰富，有"皖中花园"的美誉。万佛湖风光旖旎，景色迷人。湖中有60多个岛屿，几十处自然景观和人文景观，如墨似画，巧夺天工。湖水清澈如镜，水质清新。世界第一大人工土坝即镶嵌于湖边。

安徽省舒城、桐城、庐江及岳西一带盛产兰花茶。兰花茶的生产源于何时，尚没有明确的史料记载。但据当地的传说与相关史料的推测，早于清代以前，当地就产有兰花茶。

《桐城风物记》记载：明朝人孙鲁山家的椒园中种有茶树，制出的茶"碧绿清汤，形似兰花，开汤后有雾像一炷香火升腾，并有兰花馨香"，封为贡品。此即后来的"桐城小花"。

"兰花茶"的名称来源有两种说法：一则说，芽叶在枝上相连，形状类似一枝兰草花；二则说，采制时正值山中兰花盛开，茶叶吸取了兰花的香气，因此得名。

岳西翠兰茶汤

"舒城兰花"的产区较广，以舒城晓天白桑园所产最为有名，为兰花茶中上品，桐城龙眠山所产桐城小花，品质优异，独树一帜，舒城与庐江交界处的沟二口和果树一带所产兰花茶也久负盛名。但其采制技术及品质特征，则是大同小异。

舒城兰花

舒城晓天一带的茶园位处高山密林之中，叠嶂连云，峰峦苍翠。茶树常年于云烟飘缈及雾露笼罩下生长，加上精心的培育和管理，根深枝繁，芽叶肥壮。

舒城兰花茶的品质特征是：条索细卷成弯勾状，白毫显露，芽叶成朵，色泽匀润翠绿，兰花香味，汤色明净嫩绿，光泽泛浅金黄色，滋味甘醇，鲜爽持久，叶底匀齐，呈嫩黄绿色，梗嫩芽壮，叶质厚实，冲泡时形似兰花绽放。

近年来，岳西县与舒城晓天毗邻的头陀和主簿等地又于小兰花茶传统工艺的基础上，创制出了"岳西翠兰"。

岳西翠兰制作的时候，先以竹帚翻炒杀青，接着手工整形，再以炭火焙干。形较"兰花茶"稍直，自然舒展，品质优异，风格独特。1985年参与全国名茶评比，被正式列为国家优质名茶。

9 ｜ 宣城敬亭绿雪

敬亭山，古称查山、昭亭山，位于宣州区北郊，属黄山余脉，因山上有敬亭而得现名，李白曾留有"两看相不厌，唯有敬亭山"的诗句，给其做了个大广告。1400多年来，此处留有300多位诗人的墨迹。山南麓有两座建于北宋的塔，内有苏轼的楷书石刻，极具学术和观赏价值，因此敬亭山有"江南诗山"之称。

根据记载，早在东晋，宣城就产贡茶。"敬亭绿雪"开始于明代，茶名的来源，有三种传说。其一为：村中，有位姑娘叫绿雪，好看又善良，最为奇妙的是，她采茶不用手摘，而是用嘴衔，一次，她在悬崖边采茶，失足身亡，为纪念她，敬亭山茶得名"绿雪"。其二为：开汤之后，茶杯上云蒸雾蔚，冉冉上升，如祥云团团，杯中雪花飞落，犹如天女散花，据说这天女就是那位绿雪姑娘。其三为：冲泡之后，杯中茶叶朵朵，垂直下沉，伴随着白毫翻滚，好比"绿树丛中大雪飞"而得名。其一为民间传说，二说过于神话色彩，三则名副其实。而今的"敬亭绿雪"自1972年才又重新开始研制。十年间即成为我国外经贸部的部优名茶。

敬亭绿雪产于敬亭山，山高280米，两峰耸立，茶树生长于两峰之间的阴山上，尤其以一峰庵一带的石缝中所产的茶叶品质最佳。这里云雾笼罩，气候温润，壁峭崖悬，泉水潺潺，土层深厚，土质肥沃，百花吐香，芳草遍地，是构成名茶品质的良好生态环境。

采茶的学问可大了。单就敬亭绿雪而言，必须在清明到谷雨之间采制，采摘加炒制期通常只有15天左右。敬亭绿雪的采摘一要上高山，二要争时间，三要选叶。采摘标准要求一芽一叶初展，芽齐叶尖，大小匀齐，形如雀舌。还必须做到对鱼叶、夹叶、紫芽、老叶、病虫叶以及焦边叶等六不采，轻采轻放，勤采勤放，以防鲜叶变质；采回来的鲜叶须及时摊放，当天鲜叶当天制完。中国的茶中如敬亭绿雪采摘要求这般高的决不在少数。

敬亭绿雪挺直饱满，形如雀舌，身披白毫，色泽翠绿。香气清鲜持久，汤色清澈明亮，滋味醇厚爽口，叶底嫩绿成朵。有诗赞曰："形似雀舌露白毫，翠绿匀嫩香气高。滋味醇和心肺腑，沸泉明瓷雪花飘。"

10 | 六安瓜片

六安，地处皖西大别山区，是安徽省经济欠发达的革命老区。往日因此处偏僻、贫瘠而少有人涉足，天堂寨国家森林公园和国家级历史文化名城寿县等许多旅游资源也长期处于"养在深闺无人识"的状态。

六安茶是自唐代起便已为人熟知的名茶，但"瓜片"的来源却有多种说法，较为可信的有两种。

说法一。在1905年前后，六安茶行的一位评茶师从收购的绿大茶中选取嫩叶，去除茶梗，作为新产品放入市场，大获成功。消息不胫而走，金寨麻埠的茶行闻风行动，雇用茶工，按照此法采制，并起名为"峰翅"（意为蜂翅）。此举给当地的一家茶行以启示，于齐头山后冲采回鲜茶叶，剔除梗芽，并将嫩叶与老叶分别进行炒制，最后成茶的色、香、味、形均较"峰翅"略胜一筹。于是，附近的茶农竞相仿效学习。这种片状茶叶形如葵花子，于是称"瓜子片"。后来便叫成了"瓜片"。

六安瓜片原植物

说法二。麻埠附近的祝家楼财主和袁世凯是亲戚，祝家常用土产孝敬袁。袁饮茶成癖，茶叶当然是不可缺少的礼物。但是当时当地所产的大茶、毛尖和菊花茶等茶，都不能令袁满意。1905年前后，祝家为了讨好袁，不惜成本，雇佣当地有经验的茶工，专门取春茶的第1~2片嫩叶，以炭火烘焙，用小帚精心炒制。所制新茶，形质俱佳，获得袁的称赞。当地茶行也以高价收买，由于这种茶的色、香、味、形均别具一格，日益获得饮茶者的喜爱，渐渐发展成全国名茶。

两种传说有相同之处。一为六安瓜片出现于1905年前后；二为六安瓜片的产地是在金寨县麻埠齐头山附近的后冲，麻埠已因响洪甸水库的建成而被淹消失，但过去这里曾是六安瓜片的主要产地。如今六安瓜片产于六安、金寨及霍山三县的毗邻山区和丘陵，品质上以金寨最佳，齐头山所产的齐山名片更是六安瓜片中的极品。

齐头山是大别山的余脉，山南坡上有一个石洞，位处人迹罕至的悬崖峭壁上，因有大量蝙蝠栖居而称蝙蝠洞。传说，洞口曾经有"神茶"，一年春天，一群妇女结伴前往齐头山采茶，其中一人在蝙蝠洞附近发现一株大茶树，枝叶繁茂，新芽肥壮。她动手就采，神奇的是茶芽边采边发，越采越多，直至天黑依旧满树新芽。次日，她又攀藤而来，但是茶树已经消失不见，从此"神茶"的美谈便传扬开来。20世纪50年代，曾经有茶叶工作者为了调查六安瓜片茶树的品种资源和生态环境，冒险攀岩探洞，见洞内蝙蝠粪便厚积，松软如绵。蝙蝠栖居石缝深处，很难在白天见到，但静坐洞中却时而能听到蝙蝠飞翔的声音，如风似涛。洞口有一丛野茶，有人说因蝙蝠衔籽而生，无从判定。

六安瓜片茶汤

六安瓜片的产区位处大别山东北麓，属于淮河流域，年平均温度为15℃，年平均降水量为1200~1300毫米，土壤的pH值在6.5左右，多是黄棕壤，土层深厚，质地疏松。茶园多位于山坡冲谷之中，生态环境条件优越。

六安瓜片的采制技术不同于其他名茶。春茶在谷雨后开园，新梢已经形成"开面"，采摘标准主要是一芽二三叶和对夹二三叶。鲜叶采摘回来后及时扳片，将嫩叶（未开面）与老叶（已开面）分开来炒制瓜片，梗、芽和粗老叶炒制"针把子"，作副产品处理。

六安瓜片的外形，像瓜子形的单片，自然舒展，叶缘稍翘，色泽宝绿，大小匀整，不含茶梗和芽尖，清香高爽，汤色澄澈透亮，滋味鲜醇回甘，叶底嫩绿明亮。

11 │ 松萝茶

齐云山位处休宁县城西15千米，距离屯溪33千米。齐云山古称白岳，因其"一石插天，与天并齐"，明朝嘉靖年间更名为齐云山。

清代诗人郑板桥游齐云山时，曾赋诗："不风不雨正晴和，翠竹亭亭好节柯。最爱晚凉佳客至，一壶新茗泡松萝。"

松萝茶原植物

松萝茶（又名"琅源松萝"）产于休宁县万安镇福寺村的齐云山，为明代隆庆年间僧人大方所创制，迄今已经有400多年的历史，是我国"炒青"始祖和最早的名茶之一，《中国茶经》中即有关于"松萝茶"的记述。

松萝茶条索紧细似米，色泽绿润明亮，有色绿、香高、味浓"三重"特点，经冲耐泡，生津止渴，芬芳馥郁，回味隽永，橄榄果味清香，誉为"绿色的金子"。1991年被列为全国名特优产品开发项目，近来新开发的"松萝嫩毫"与"松萝嫩秀"曾荣获省科技成果奖。

松萝茶富含多种氨基酸及矿物元素，对人体有较好的药用保健功能，依据《本草纲目》和《中药大辞典》中记述："松萝茶"可清火、下气、消食、降痰，对高血压和冠心病等有辅助疗效。

三 浙江名茶

1 | 西湖龙井

"上有天堂，下有苏杭"，古往今来人们这样赞誉杭州。宋代大文豪苏东坡曾写道："天下西湖三十六，就中最好是杭州。"杭州也投桃报李，当地的一道名菜"东坡肉"就是以苏东坡命名的。

杭州有着2200多年的悠久历史，是我国七大古都之一。人文景观丰富多彩，古代的庭、园、楼、阁、寺、塔、壑、泉、石窟、摩崖碑刻遍布，或万千姿态，蔚然奇观，或珠帘玉带、烟柳画桥，或山清水秀，风情万般，尤以灵隐寺、飞来峰、六和塔、西泠印社、岳王庙、龙井、虎跑等最为著名。跟茶叶直接有关的景点是龙井村和虎跑公园。

西湖龙井茶叶

龙井茶的历史最早可追溯到唐代。"茶圣"陆羽，在所撰写的《茶经》中，就有关于杭州灵隐、天竺二寺产茶的记载。"龙井茶"之名始于宋，闻于元，扬于明，盛于清。在1000多年的历史演变过程中，龙井茶从无名到闻名，从百姓的家常饮品到帝王将相的贡品，从中国的名茶到世界的佳茗。

西湖龙井原植物

　　早在北宋时期，龙井茶区已初步形成规模，当时灵隐山下天竺香林洞的香林茶、上天竺白云峰产的白云茶和葛岭宝云山产的宝云茶已列为贡品。苏东坡在龙井狮峰山脚下寿圣寺品茗时曾写下"白云峰下两旗新，腻绿长鲜谷雨春"的诗句来赞美龙井茶，并手书"老龙井"等匾额，至今尚存寿圣寺胡公庙18棵御茶园中狮峰山脚的悬岩上。

　　到了明代，龙井茶开始崭露头角，名声逐渐远播，开始走出寺院，为平常百姓所饮用。此时的龙井茶已被列为中国名茶。明代黄一正收录的名茶录及江南才子徐文长辑录的全国名茶中，都有龙井茶。

　　到了清代，龙井茶则立于众名茶的前茅。乾隆皇帝六次下江南，四次来到龙井茶区观看茶叶采制，并品茶赋诗。胡公庙前的侣棵茶树还被封为"御茶"。从此，龙井茶驰名中外，问茶者络绎不绝。民国期间，龙井茶成为中国名茶之首。

　　龙井茶之所以能成为全国名茶之首，主要得益于龙井茶区得天独厚的自然环境，龙井、狮子峰、灵隐、虎跑、五云山、梅家坞一带土地肥沃，周围山峦重叠，林木葱郁，地势北高南低，既能阻挡北方寒流，又能截住南方暖流，在茶区上空常年凝聚着一片云雾，茶树常受漫射光、紫外线照射，有利于茶叶中芳香物质、氨基酸等成分的合成和积累。

西湖龙井

龙井茶分特级1~3等和1~10级13个等级，一般特级和1~3级为高级龙井，4~6级为中级龙井，7级以上为低级龙井。级别越低，炒制时铝锅温度越高，投叶量越多，炒制手势也越重。

西湖山区的龙井茶，因为产地生态条件和炒制技术的差别，内在质量略有差别。目前有三个品类：狮峰龙井、梅坞龙井、西湖龙井。狮峰龙井产于龙井村、狮子峰、翁家山一带，色泽略黄，香气高锐，滋味鲜醇，在三个品类中品质最佳。梅坞龙井产于

西湖龙井

云栖、梅家坞一带，外形挺秀、扁平光滑、色泽翠绿。西湖龙井叶质肥嫩，但香味不及前两种。

高级龙井茶适宜用约85℃的开水进行冲泡，冲泡后芽叶一旗一枪，簇立杯中交错相映，芽叶直立，上下沉浮，栩栩如生。龙井茶的香气非常有特点，闻起来有股豆香气，这是其他茶叶所没有的。刚开春的时候，泡杯新龙井，等香气冉冉升起，深深地吸一口龙井香，马上就感觉春天来了。

2 │ 顾渚紫笋

浙江省湖州市位于杭嘉湖平原，东临太湖，北接江苏，西连安徽。这里气候温润，土地肥沃，山清水秀，素有"鱼米之乡""丝绸之府""文化之邦"之美称。

顾渚紫笋又名湖州紫笋，产于浙江省湖州市长兴县的顾渚山，这里与生产阳羡茶的江苏省宜兴市茶山紧密相连，两种茶均为珍品。长兴县的紫笋茶品质更胜宜兴市的阳羡茶。

唐代，湖州刺史为了确保贡茶质量，每年立春过后就进山，一直到谷雨，贡茶焙制完毕才离山。皇室还规定，每年第一批茶必须在清明节前10天起程，由陆路快马运送，限清明节前运到京城长安（今西安），叫做急程茶，用来在清明节祭祀宗庙。从浙江长兴到长安，

顾渚紫笋（局部）

相距4000里，在当时的交通条件下，要在10天内送到，真不是一件容易的事情。

唐代采制紫笋茶的盛况，和过元宵节一样热闹，顾渚山头人山人海。相传，当时顾渚山谷制茶工匠有千余人，采茶工多达3万余人，辛苦整整一个月，才算交差。

顾渚紫笋自唐朝广德年间开始进贡，到明朝洪武八年罢贡为止，前后历时600余年。明末清初开始，紫笋茶逐渐消失。到20世纪40年代，顾渚山区的大半茶园荒芜凋落，紫笋茶也停产失传。70年代末，浙江省长兴县有关单位为恢复紫笋茶，紧密合作，努力挖掘创新，获得可喜成果。自1979年恢复试制以来，历届都被评为国家部级或省级优质名茶。

顾渚紫笋的鲜叶非常幼嫩，标准为一芽一叶初展或一芽一叶，炒制500克干茶，所需芽叶约达3.6万个，直比碧螺春。鲜叶采回后，需摊放5～6小时，等到含水量降至72％左右，发出清香时炒制。

顾渚紫笋茶汤

3 | 天目青顶

浙江天目山是个天然"大氧吧"，很多城市人都到这里来呼吸新鲜空气。天目山东西两峰遥相对峙，东峰大仙顶海拔1480米，西峰仙人顶海拔1506米。两峰之巅各天成一池，宛若双眸仰望苍穹，因而得名。

天目山是江南宗教名山。东汉道教大宗张道陵在此修道，史称"三十四洞天"。清代乾隆皇帝曾两度巡山，赐封"大树王"。还有历代名人墨客留下的传世佳作。新中国成立后，天目山是首批颁布的国家级自然保护区，20世纪末又加入联合国教科文组织生物圈保护区网络，成为世界级自然保护区。

明代袁宏道在《天目山记》中，列举其山、水、云、雷之奇特；林、木、茶、笋之丰美。天目山区有三件宝，即茶叶、笋干、小核桃。

天目青顶又称"天目云雾"，产于东天目山的太子庙、小岭坑、龙须庵等地。据明代文震亨所著的《长物志》记载，山中早寒，冬来多雪，故天目龙井的茶芽萌发较晚，采焙得法，茶叶品质极优。

天目青顶的品质特点是：条索紧结，芽毫显露，色泽深绿，油润有光，清香持久，汤色清澈明亮，滋味浓醇。

天目青顶

4 | 安吉白片

安吉以竹闻名，20世纪70年代建成了占地250多亩的竹种园，有竹种近300种，被国外竹类专家誉为"世界最大、品种最全的竹子王国。"

安吉白片又名"玉蕊茶"，产于浙江省安吉县的天目山北麓，这里群山起伏，树竹交荫，雨量充沛，云雾缥缈，土壤疏松、肥沃，富含腐殖质。生长在这里的茶树芽叶幼嫩肥壮，不需施用化学肥料，很少有病虫侵害，更没有农药污染，得天独厚的生态环境是其品质形成的基础。

安吉白片茶采摘时极幼嫩，处理时须非常精细。芽叶平均长度2.5厘米以下，一般炒制1000克高档白片茶，约需采6万个芽叶。

安吉白片具有外形扁平挺直，显毫隐翠，香高持久，滋味鲜爽回甘，汤色清澈明亮，叶底成朵肥壮，嫩绿明亮的特点。

安吉白片创制于1981年，为浙江省名茶的后起之秀。1988年在浙江省名茶评比会上被列为省级名茶。1989年在国家农牧渔业部优质产品评比会上又荣获全国名茶称号。

安吉白片原植物

5 | 鸠坑毛尖、兰溪毛峰、千岛玉叶、清溪玉芽

千岛湖位于建德市城西，是新安江水电站建成后形成的人工湖。郭沫若在1963年11月4日游览千岛湖时，即兴赋诗："西子三千个，群山已失高。峰峦成岛屿，平地卷波涛。"湖中现已开发桂花岛、猴岛、蛇岛、锁岛、鹿岛、鸟岛、梅峰岛、温馨岛、龙山岛等20多个岛屿。

鸠坑毛尖

从杭州去千岛湖必经富春江、桐庐、建德等著名景区，这一路上风景区里出产的好茶品种众多，下面介绍四种。

"潇洒桐庐郡，春山半是茶。轻雷何好事，惊起雨前芽。"这是北宋文学家范仲淹在任睦州（今淳安县）刺史时，为鸠坑茶写的诗篇。诗中桐庐郡即指今浙江淳安县。整个"春山半是茶"，可见远在宋代，淳安县已是茶树遍山岗了。

鸠坑毛尖产于浙江省淳安县鸠坑乡四季坪、万岁岭等地，与安徽省徽州茶区毗连，境内山岭连绵，峰峦挺拔，最高山峰海拔约1500米，地势西北高，东南低。

鸠坑毛尖在清明前后采摘，鲜叶要求嫩、匀、净。特级一等毛尖的鲜叶标准为一芽一叶初展，名曰"笔尖"。鸠坑毛尖所用鲜叶采回后，需摊放6～12小时后炒制。

鸠坑毛尖外形紧细，条直匀齐而秀美，色泽绿翠，银毫披露，香气馥郁，清香扑鼻，滋味醇厚、鲜爽，汤色嫩绿明亮，叶底嫩黄成朵，富有水果香味，内含物质丰富。荣获1985年度国家农牧渔业部优质产品奖。

千岛玉叶

千岛玉叶、清溪玉芽均是新创名茶。千岛玉叶、清溪玉芽的制作和西湖龙井相似，但又有别于西湖龙井。其所用鲜叶原料，标准为一芽一叶初展，而且要求芽长于叶。鲜叶采回后，需摊放6～12小时，待鲜叶含水量在70%～72%时方可炒制。

千岛玉叶、清溪玉芽具有外形扁平挺直，绿翠露毫，内质清香持久，汤色黄绿明亮，滋味浓醇带甘，叶底嫩绿成朵的特点。这两种名茶同产一地，如同双胞胎姐妹，对此有诗曰："千岛湖畔产，品质齐超群。玉叶与玉芽，睦州两姐妹。"

兰溪毛峰产于富春江上游的浙江省兰溪县城北和城西的一些乡。这里的山峦起伏，溪流纵横，景色宜人。茶树均分布在海拔700~800多米的山坡间。

兰溪毛峰的制作口诀是：先经摊放，轻微萎凋，叶体稍黄，香味甘爽；高温杀青，投叶量少，勤炒快推，杀匀杀透；两手合拢，五指分直，轻搓轻揉，使其成条；焙笼佳炭，毛火足火，中间摊凉，二次干燥；烘后摊凉，用纸包好，装箱密封。

兰溪毛峰具有外形肥壮成条，银毫遍布全身，色泽黄绿隐翠，叶底嫩绿呈黄，香气清高幽远，滋味甘醇清爽的特点。

清溪玉芽

6 | 建德苞茶

建德县古称严州，地处三江交汇处，新安江、富春江和兰江在这里汇合，游完千岛湖，可以来这里品尝它的苞茶。

苞茶产于建德梅城附近的山岭中及三都小里埠一带，这里气候温和，雨量充沛，年降雨量约1500毫米，且分布在茶树生长旺期的3~7月，特别是春季，经常细雨濛濛，满山云雾，夏日夜温差较大，阵雨不断。茶园四周，松杉茂盛，空气终年湿润，非常适宜茶树生长。

建德苞茶原植物

建德苞茶创制于1870年，有100多年的历史，从20世纪初到抗日战争前夕，年产量均在400担左右，销往上海、杭州、营口、汉口及天津等大中城市。据杭州庄源丰茶庄记载，1919年时曾远销俄罗斯。

苞茶原分顶苞、次苞两种。顶苞为一芽一叶，特别幼嫩，人称"麦颗"；次苞为一芽一叶，嫩叶稍展。苞茶采摘时通常将鱼叶和蒂头一起采，制成的干茶鱼叶呈金黄色，蒂头顶端呈微红色，苞裹芽间，是苞茶品质的重要特征。

近年来，有关单位对苞茶作了进一步研制，从原来的杀青、烘闷两道工序，改为杀青、揉捻、理条、初烘、整形、复烘六道工序。创新后的建德苞茶具有外形芽叶含苞待放似兰花，色泽绿润，银毫显露，内质香气清高，嫩得持久，汤色嫩绿，清澈明亮，滋味鲜醇，回味甘厚，叶底嫩匀，肥壮成朵的特点。

7 | 江山绿牡丹

江山绿牡丹又名"仙霞化龙"，因色泽翠绿，形似牡丹，产于江山境南的仙霞岭而得名。

相传明代正德皇帝（1506—1521）朱厚照察访江南时，路经仙霞岭，品尝了仙霞茶后大加赞赏，赐名为"绿茗"，指定为御茶。据《江山市志》载：北宋大文豪苏东坡品尝了仙霞茶后更是赞不绝口，称之"奇茗极精"。可见历史上仙霞茶早就扬名天下了。

江山绿牡丹茶汤

1980年江山土特产公司组织力量恢复试制，一种色泽翠绿诱人、体态潇洒自然的"江山绿牡丹"问世，从此，仙霞茶从宫廷御茶发展到今天的全国名茶。

江山绿牡丹产于仙霞岭北麓、浙江省江山县保安乡尤溪两侧山地，以龙井、裴家地等村所产品质最好。这里山高雾重，漫射光多，雨量充沛，土壤肥沃，有机质含量丰富，适宜茶树生长。

江山绿牡丹的采制技术精巧。早采嫩摘，坚持瘦小叶不采，雨、露叶不采，紫色叶不采，病虫叶不采。炒制江山绿牡丹的特点是一人炒制，一人在旁摇扇，这也是保证其色泽格外翠绿、香气清鲜的关键技术措施。

江山绿牡丹的外形条直似花瓣，形态自然，犹如牡丹，白毫显露，色泽翠绿诱人，香气清高，滋味鲜醇爽口，汤色碧绿清澈，叶底成朵，嫩绿明亮。

江山绿牡丹原植物

8 ｜ 开化龙顶

开化城内，群山巍峨，怪石林立，瀑布成群，绿荫拥黛，曲径幽深，森林面积达6万余亩。隶属于开化的钱江源森林公园，素有"天然生物基因库"之美誉。

开化县的古田山自然保护区总面积13.68平方千米，有"浙西兴安岭"之称。古田山神奇雄伟，怪石嶙峋，悬崖峭壁遍布。在海拔850米处，有一块20余亩的沼泽地，长着茂密湿生草本植物，并有良田数亩，"古田"之名因此而来。数亩良田旁有建于宋太祖乾德年间（963—967）的凌云寺，亦名古田庙。

开化龙顶茶叶

开化龙顶产于浙江省开化县齐溪乡的大龙山、苏庄的石耳山、溪口乡的白云山。白云山为开化龙顶的主产区，所产龙顶茶品质最好。

开化龙顶的产区与江西、安徽产茶区相毗邻，山水相依。这里千峰万壑，层峦叠翠，林木森蔚，兰花遍地，幽兰吐香，非常适宜茶树生长。

开化龙顶的外形紧直苗秀，身披银毫，色泽绿翠，香气清高，并伴有幽兰清香，滋味浓醇鲜爽，汤色嫩绿清澈，叶底嫩匀成朵。

开化龙顶茶汤

开化龙顶创制于20世纪50年代，一度夭折，1979年再度问世，并在1980—1982年三年的浙江省名茶评比中，获得"一类优质名茶"的称号。1985年被评为全国名茶，1987年在浙江省首届斗茶会上被誉为"优秀名茶"。

9 ｜ 婺州举岩、双龙银针

金华有着1700余年历史，因其"母亲河"婺江而得名"婺州"。金华得名于城外南、北对峙的金华山，以北山的国家级风景名胜区双龙洞为主，包括冰壶洞、朝真洞等胜迹。婺州举岩就产于双龙洞附近的鹿田村一带。这里山高林茂、雨多、云多、雾重、泉清，再加上土壤肥沃，土层厚达1米左右，腐殖质丰富，非常有利于茶树生长。

婺州举岩又称"金华举岩"，历史上有"婺州碧乳""香浮碧乳"之称。"碧乳之名"因其茶之汤色如碧乳；"举岩"之称，据传因产地峰石玲珑，巨岩重叠，犹似仙人在此举石。

婺州举岩闻名于宋朝，到了明代，更列为贡品。明代田艺蘅《煮泉小品》中曾记载同用富春江七里垅的水泡茶，久已闻名的武夷茶其汤色和滋味反不及婺州举岩。几经沧桑，婺州举岩早已失传，直到1979年，这一古老名茶才开始恢复生产。

婺州举岩成形的关键工序是理条和挺直。炒制的特点是以烘为主，炒烘结合，既保持原有茶芽特色，又在锅炒中稍加手压，使成茶独具风格。

婺州举岩的外形条紧直略扁，茸毫依稀可见，色泽银翠，香气清香，具有花粉芬芳，滋味鲜醇甘美，汤色嫩绿清亮，叶底嫩绿匀整。

金华双龙洞也生产一种名茶——双龙银针。双龙银针是一种新创制的名茶。

双龙银针的产地分布在景色秀丽的双龙洞、冰壶洞上的北山林场和婺州举岩产地的鹿田边。这里群山环抱，树林葱郁，气候湿润，土壤疏松，富含腐殖质，适宜茶树生长。

双龙银针的采摘具有三个特点：开采早，采期短，采得嫩。清明前6~7天开采，谷雨时结束。采回的鲜叶，需摊放6~8小时，经杀青、理条做形、干燥三道工序炒制而成。

双龙银针茶汤

双龙银针的外形条索紧直，形似银针，白毫显露，色绿，香气鲜爽持久，滋味醇厚甘鲜，汤色黄绿清澈，叶底嫩匀、肥壮明亮。

10 │ 仙居碧绿

仙居县位于浙江省东南部，仙居风景名胜区地处仙居县中南部。包括神仙居（西罨）、十三都、景星、淡竹、公盂五个景区，由饭甑岩、西天门、将军岩、天柱岩、鸡冠岩、景星岩、擎天柱、蝌蚪崖、高玉岩、公盂崖、人字瀑、神龙瀑、龙潭涧等139个景点组成。素有"西罨之奇""景星之雄""公盂之巍""十三都之清""淡竹之幽"的称誉。

仙居碧绿为浙江省20世纪70年代初期创制的名茶，又名"仙居碧青"，因色泽翠绿诱人而得名。

仙居碧绿产于浙江省括苍山区的仙居县苗辽林场。茶园内林木葱郁，云雾缭绕，土壤肥沃，富含有机质。茶树多生长在山峦平坦的沃土上，长势旺盛，芽壮毫多，叶质柔软，色泽深绿，是炒制该茶的理想原料。

仙居碧绿的外形条索紧直，完整苗秀，色泽碧翠，嫩香持久，滋味鲜醇爽口，汤色嫩绿明亮，叶底嫩绿匀整。

11 | 华顶云雾

天台山素以"佛教仙山"而驰名海内外。这里是佛教天台宗和道教南宗的发源地，是佛教五百罗汉的根本道场，"活佛"济公的故乡。

天台山产茶历史悠久。据考证，远在东汉末年，道士葛玄已在华顶山上植茶。到了公元5世纪，这里的茶叶生产有了进一步发展，隋唐以后已很有名。据史料记载，北齐佛僧慧思的弟子智慧禅师来天台撰述佛经，实行戒酒坐禅，提倡饮茶驱睡，引为茶与佛教不解之缘之一例。

天台国清寺周围山峰生产的茶叶，除供山上僧侣饮用外，还用来招待进山朝拜的香客。相传隋炀帝在江都（今扬州）生病，天台山智藏和尚携带天台茶到江都替他治病。

华顶山山高风大，夏凉冬寒。当地农民形容说："华顶山上无六月，冬来阵风便下雪。"这里终年浓雾笼罩，冬天霜雪连绵。虽然气候寒冷，但茶园四周都长有茂密高大的柳杉、短叶松、金钱松、沙罗树、天目杜鹃，还有箬竹、箭竹等竹木，形成了挡风蔽雨的天然屏障。

华顶山上的茶树年生长期虽短，但一到春暖花开，茶芽竞相迸发，葱翠满山，香飘四野。古人很欣赏这里优美谧静的环境，有诗曰："华顶六十五茅蓬，都在悬崖绝涧中。山花落尽人不见，白云堆里一声钟。"以前华顶山上人们住茅舍，也就是通常所说的茅蓬，大都建筑在绿荫深处。在每个茅蓬里，居住着一两个寺僧，管理附近一小块茶园，这样的茅蓬，传说共有65处。茅蓬四周有茶树，茶树点缀了茅蓬，形成了幽雅的景色。

华顶云雾的加工工艺精湛，成茶外形细紧弯曲，芽毫壮实显露，色泽绿翠光润，香高持久，汤色绿明，滋味醇厚爽口，叶底嫩绿明亮，具有高山云雾茶的优良特色。

华顶云雾原植物

12 | 雁荡毛峰

雁荡山风景秀丽，山顶有平湖，芦苇丛生如荡，春雁南归，常宿于此，因而得名。这里奇峰林立，岩瀑争秀，摩岩寺院点缀其间。最大的瀑布"龙湫"，高差约190余米，泉水劈空下泻，犹如万马奔腾，又似满天星斗，着地即无，蔚为壮观。

雁荡毛峰

雁荡山的茶叶，远在明代已被列为贡品。据明隆庆年间（1567—1572）《乐清县志》记载："近山多有茶，唯雁山龙湫背清明采者极佳。"《雁山志》中也说："浙东多茶品，而雁山者称最，每春清明日采摘芽茶进贡，一旗一枪，而白色者曰明茶，谷雨日采观音竹、金星草、山乐宫以及香鱼，共列为雁荡山五种珍品。"

雁荡毛峰

雁荡毛峰产于雁荡山的龙湫背、斗蟀室洞以及雁湖岗等海拔800米的高山上，其中尤以龙湫背产者为佳。山谷两岸多为冲积灰壤，土层肥沃，茶树四季在云雾荫蔽下生长，承受云雾滋润，芽叶肥壮，长势很好。还有一些茶树，生长在悬崖隙缝之间。相传古代有山僧训练猿猴攀登悬岩绝壁采茶，所采茶叶称为"猴茶"。

雁荡毛峰的外形秀长紧结，茶质细嫩，色泽翠绿，芽毫隐藏，汤色浅绿明净，香气高雅，滋味甘醇，叶底嫩匀成朵。在品饮时，一闻浓香扑鼻，再闻香气芬芳，三闻茶香犹存；滋味头泡浓郁，二泡醇爽，三泡仍有感人茶韵。

13 | 珠茶、日铸雪芽

"山阴道上行，如在镜中游。"以水乡泽国闻名于世的绍兴市位于浙江省宁绍平原西部，素有"文物之邦""鱼米之乡"的美誉。

绍兴自古出两样东西：师爷、黄酒。近代鲁迅等大家的出现，更让绍兴在文学史上占有一席之地。当然除了人文景观，绍兴湖山锦绣，风光旖旎。绍兴不光有名人、名酒和山水，还有闻名全球的"珠茶"。

珠茶，又称"圆茶"，原产浙江省平水茶区。

珠茶原植物

平水是浙江省绍兴市东南的一个集镇，过去毛茶均集中在平水加工，所以在国际茶叶市场上叫做"平水珠茶"。因初制时在锅中炒干，所以毛茶又叫"圆炒青"。珠茶外形圆紧，呈颗粒状，身骨重实，宛如珍珠。此茶以"珠"命名，恰当之至。

远在唐代，平水已是著名的茶、酒交易场所，当时很多人用白居易和元稹诗歌的手抄本或摹本在市场上换茶、酒。这说明远在1000多年以前，平水已是茶叶的集散地了。

平水茶区包括浙江省绍兴、萧山、嵊县、上虞、诸暨、天台、余姚、鄞县、奉化、东阳等县市。整个产区东濒东海，北临杭州湾，西贴钱塘江，南迄东阳，为会稽山、四明山、天台山等诸山所环抱。境内气候温和，溪流纵横，峰峦起伏，云雾缭绕，青山绿水，景色宜人，非常适宜茶树生长。

珠茶，在18世纪初，就以"贡熙茶"之名风靡世界茶坛。在伦敦茶叶市场上，除了武夷茶，要算珠茶的价格最高，每磅售价10先令6便士，不亚于珠宝价格，被誉为"绿色的珍珠"。

1984年9月发生了一件轰动茶坛的大喜事，"天坛牌"特级珠茶在西班牙马德里举行的第23届世界优质食品评选大会上，荣获金质奖。我国著名书法家沙孟海曾亲笔为珠茶获奖题了"金蕾珠蘖"四个大字，祝"绿色珍珠"在世界茶坛上永放光彩。

日铸雪芽又名"日注茶""日铸茶"。盛于宋朝，因品质优异，许多文人墨客为其写下诗句，载入史册。最早记载日铸茶的史籍是北宋欧阳修的《归田录》："草茶盛于两浙，两浙之品，日注为第一。"北宋诗人晏殊《烹日注茶》诗："稽山新茗绿如烟，静挈都篮煮惠泉。未向人间杀风景，更持醪醑醉花前。"南宋大诗人陆游对故乡的日铸茶更是赞不绝口，曾多次咏诗赞赏，可见，日铸雪芽在宋朝已茶名极盛，誉满全国。到了清朝，康熙帝巡游江南时，品尝日铸茶后赞不绝口，从此日铸茶

日铸雪芽

岁岁朝贡，日铸岭下采制日铸茶之处得名"御茶湾"。更值得一提的是宋代浙江的炒青茶始于日铸茶，清代金武祥《粟香之笔》一卷中，称日铸茶"遂开千古茶饮之宗"。

日铸茶产于会稽山山麓的日铸岭。日铸雪芽的外形条索浑圆，紧细略钩曲，形似鹰爪，香气清鲜持久，滋味醇厚回甘。

14 | 普陀佛茶

普陀山与峨眉山、九华山、五台山合称中国佛教四大名山，以山、水二美著称。普陀山的名胜古迹很多，最具代表性的是以普济、法雨、慧济三寺为主的建筑群。

普陀山海拔约300米，林木茂盛，雨量充沛，空气湿润，云雾缭绕，土壤肥沃，非常适宜茶树生长。

普陀山种茶始于唐代，距今已有1000多年的历史。《浙江通志》引《定海县志》记载："定海之茶，多山谷野产。……普陀山者，可愈肺痈血痢，然亦不甚多得。"普陀佛茶能有少量供应朝山香客，始于清代康熙、雍正年间。期间沈家门至普陀山轮渡通航，交通开始方便，山上僧人以及前来朝山者大增，佛事兴旺，需茶量增多，普陀佛茶有了进一步发展。

以往普陀山土地，大都归寺庵所有，从事茶叶生产者，多为僧侣。他们利用寺院周围山地，零星栽植茶树。普陀佛茶非常洁净，历史上从不施肥，只锄耕除草，以草当肥。

普陀佛茶的制法与洞庭碧螺春相似，成茶品质也与碧螺春略同。

15 ｜ 香菇寮白毫

泰顺地处浙江省南部，境内气候温和，雨量充沛，云雾弥漫，产茶条件得天独厚，素以云雾茶驰名于世。泰顺因为山高路远，交通闭塞，故生态环境良好。

泰顺产茶历史悠久，享誉甚早。明崇祯年间，其名茶就已远销新加坡、马来西亚等国际市场。新中国成立初期，俄罗斯茶叶专家品评泰顺茶叶为"芽叶肥壮，白毫显露，清汤绿叶，香高味醇"。

泰顺茶叶不仅自然品质优异，且制茶工艺精湛。现今所创制的名茶系列中，香菇寮白毫、仙瑶隐雾、三杯香、承天雪龙等品种成为众口好评的国内名茶，其中承天雪龙在1991年获国际茶文化节名茶大奖，1992年获中国首届农业博览会银质奖。

香菇寮白毫的外形条形苗秀，芽叶幼嫩，色泽翠绿，白毫满身，内质清幽兰花香，滋味鲜爽，汤色清澈，叶底翠嫩成朵。

香菇寮白毫通常选用春茶一芽一叶和一芽二叶初展的幼嫩芽叶，经过六道工序加工而成。因为材料独特，加工精细，香气高爽，有其独具风格的名茶特色。自建国以来，在浙江省历次名茶评比中多次获奖。

香菇寮白毫原植物

16 │ 乌牛早茶

温州是一座历史文化悠久的城市。在春秋战国时期，就是中国沿海九个港口之一。晋代著名学者郭璞在323年选址始建温州城。相传建城的时候，有一只白鹿衔花跨城而过，所到之处一片鸟语花香，因此又称"鹿城"。

乌牛早茶原名为"龙头茶种""岭下茶"，已有1200年的历史，主产在温州市永嘉县乌牛镇罗东乡等地。相传在清朝乾隆年间，罗溪乡龙头地方人金某以挖草药为生，每年赴岭下地方山上采药。有一次他在柴山中发现了一丛比自己的茶树发芽早的茶树，于是就将其挖回家种植，并采用压条法繁殖幼苗分给附近人栽培。因为该种茶是从岭下地方挖来的，故称"岭下茶"。后来，岭下人再到龙头地方引种栽植，因此岭下所在的仁浦乡（现乌牛镇）的茶农称这种茶为"龙头茶种"。

20世纪30年代用这个品种制成的外销炒青，质量好，汤水碧绿，味质优厚，是温州地区绿茶之冠，可与江西婺源、安徽屯溪的炒青绿茶相媲美，50年代以来，先后加工成红毛茶、烘青、炒青等。80年代中期乌牛早茶良种茶被开发利用，创制了乌牛早茶名茶。因产地在乌牛，茶树发芽特别早，故称"乌牛早茶"。

乌牛早茶区地处瓯江北岸，楠溪江流域，邻近浩瀚的东海，有典型海洋性季风气候影响。温度高，热量足，春天回暖早。优越的生态环境为乌牛早茶一"早"二"优"提供了天时地利的良好条件。

该茶属特早生茶品种。雨水后可采茶，比当地群体品种早半个多月，比杭州西湖龙井茶早一个多月。是浙江省最早上市的新茶，也是全国特早名茶之一。

乌牛早茶外形扁平光滑，肥嫩匀整，色泽绿润，滋味醇爽，叶底完整。

乌牛早茶原植物

乌牛早茶

17 | 惠明茶

景宁是中国畲乡，不但民族风情浓厚，而且风光旖旎，犹如世外桃源。

景宁县敕木山亚峰惠泉山上的惠民寺，因惠明和尚而得名，建于唐咸通二年（861），1982年以后重建。据传当年寺僧与畲民在寺院周围辟地种茶，誉满全球的"金奖惠明茶"即产于此。

惠明茶早就名冠全球。1915年，在美洲巴拿马运河通航之际，在巴拿马举行了一次规模盛大的万国博览会，世界各国都选精致的产品参展。中国选送的就是惠明茶，被公认为是"茶中珍品"，荣获一等证书和金质奖章。从此惠明茶名声更响，人们称其为"金奖惠明"。

惠明茶原植物

四
湖南名茶

1 | 安化松针

巍巍雪峰山，横亘在湖南的中西部地区；滔滔资江水，蜿蜒流入洞庭，安化县坐落在一片诗情画意中。

据记载，安化县境内的云台山、鞭蓉山，自宋代开始，茶树已经是"山崖水畔，不种自生"了。当地所制云台云雾和芙蓉青茶两茶，曾被列为贡品。但几经历变，采制方法业已失传。1959年，安化茶叶试验场派出科技人员和工人，分赴云台山和芙蓉山，挖掘名茶遗产，并吸收国内外名茶采制特点，经过四年的努力，终于创制出我国特种绿茶中针形绿茶的代表——安化松针。

安化松针条索长直、圆浑、紧细，形状宛如松针，翠绿匀整，白毫显露，香气浓厚，滋味甘醇，茶汤清澈明亮，叶底匀嫩。

安化松针

安化松针茶汤

2 | 岳麓毛尖、高桥银峰

长沙景色秀丽，山、水、洲、城融为一体。城内岳麓山青翠如屏，湘江透迤而过，橘子洲静卧江心温泉，是度假疗养的好地方；城外大围山森林公园林幽水秀；宁乡灰汤温泉与西藏羊八井、台湾北投温泉齐名于世。此外，湘瓷、湘菜、湘绣还会让你领略浓郁的湖南地方特色。当然茶叶也是长沙的一项特产。

岳麓毛尖产于湖南省长沙市郊的岳麓山。这里产茶历史悠久，明清年间，岳麓山是著名的茶和水的产供之地。岳麓山的茶，白鹤泉的水，都是当时有名的贡品。

岳麓毛尖的外形条索紧结整齐，白毫显露，深绿油润，香气清高持久，汤色浅绿微黄，清澈明亮，滋味甘醇，叶底肥壮、匀嫩。

高桥银峰产于湖南长沙东郊玉皇峰下的高桥，这里山丘叠翠，河湖掩映，云雾缭绕，景色优美。当地的茶园采用科学管理培育，并有丰富多彩的茶树良种，芽叶壮实，内含丰富的营养物质。

高桥银峰的外形条索紧细微卷曲，匀净，满披茸毛，色泽翠绿；嫩香持久；汤色清亮；滋味鲜醇；叶底嫩绿明亮。

1964年，郭沫若先生品尝高桥银峰后，赞不绝口，旋即赋诗一首，赞美高桥银峰可与著名绿茶紫笋、双井媲美，饮后令人精神兴奋，明目醒脑，心旷神怡，春意盎然。

高桥银峰茶汤

高桥银峰原植物

高桥银峰原植物

3 | 碣滩茶

武陵源，被国内外游客誉为"人间仙境，世外桃源""扩大的盆景，缩小的仙境""山的代表，山的典型，山的精灵""天下第一奇山"。1992年12月，武陵源被联合国教科文组织纳为世界自然遗产保护对象，并被列入《世界自然遗产名录》。武陵源风景区面积369平方千米，由张家界国家森林公园、天子山自然保护区、索溪峪自然保护区和杨家界景区四大部分组成。

茶汤

整个武陵源风景区中最早被发现的是张家界，它也是最为著名的风景区。1982年经国务院批准，张家界被命名为中国第一个"国家森林公园"。张家界国家森林公园内森林覆盖率达97.7％，景区内有奇峰3000多座，似人似物，神形兼备，或细密，或粗犷，或诡秘，或奇绝；威猛中又带妖媚，浑朴中略带狂狷，危岩绝壁，雍容大气，张家界也因此而被誉为"峰三千，水八百""天下第一奇山"。张家界集山奇、水奇、云奇、石奇、植物奇与动物奇"六奇"于一体，纳南北风光，兼诸山之美，是大自然的迷宫，也是天然的泼墨山水。

碣滩茶产于湖南省西部武陵山区沅水江畔的沅陵碣滩山区。这里山峰重叠，绿荫覆盖，一年四季云雾缥缈，茶树芽头肥壮，叶质嫩柔，茸毛甚多。

碣滩茶原植物

碣滩茶的历史悠久，距今至少已有1300多年。关于碣滩茶还有一个传说：唐高宗第八个儿子李旦，被武太后贬至辰州（今沅陵）后，流落在胡家坪胡员外家当佣人，并与员外之女胡凤姣相爱。高宗退位以后，李旦回朝当了皇帝，就是后来的唐睿宗。李旦称帝后不久，就派人接胡凤姣进京。官船由辰州东下，途至碣滩，胡凤姣品尝到碣滩茶，感觉甜醇爽口，非常喜欢，便带回朝廷，赐文武百官品饮，皆赞不绝口。此后，朝廷将碣滩茶列为贡品，每年派人督制。此茶后来流传到日本。1973年，日本首相田中角荣访华时，特向周恩来总理问及此茶，自此碣滩茶有了进一步的恢复和发展。

碣滩茶的外表条索细紧圆曲，色泽绿润，匀净多亮，香气嫩香、持久，汤色绿亮明净，滋味醇爽、回甘，叶底嫩绿、整齐、明亮。

4 | 官庄毛尖

官庄毛尖产于湖南省沅陵县官庄区的介亭、黄金坪一带。沅陵官庄，是我国古代从东向西进入大西南的重要驿站。官庄前面的辰龙关地势险峻，为历代兵家必争之地，素有"湘西门户"和"南天锁钥"之称。这里群山重叠，万峰插天，峭壁数里，谷径幽回。终年云雾缥缈，土质肥沃，阳光被雾气所阻，形成了有利于茶树生长的漫射光，茶树壮健，芽叶肥壮，为官庄毛尖提供了优良的鲜叶原料。

官庄产茶历史悠久。产于官庄的"介亭毛尖"唐代开始盛行，清乾隆时期作为贡品。相传1927年"湘西王"的参谋龚石

官庄毛尖原植物

如，在官庄开了一个西南茶叶店，他召集各地著名茶艺师，改革制茶工艺，将晒青改为烘青，使茶叶品质有了较大提高。在包装上，也进行了改进，采用特制的小木盒包装，规格多样，有一两、二两、三两、四两、一斤等，木盒精美，小巧玲珑，携带方便，因而"官庄毛尖"爱好者甚多，销售甚广。

现在，"官庄毛尖"又由烘青改为半烘半炒，不但内质仍甚高雅，而且外形更为优美。此茶饮后，使人有"汤嫩水青花不散，口甘呷爽味偏长"之感。

5 | 南岳云雾茶

"南岳云雾茶"顾名思义，产于南岳衡山。衡山巍峨秀丽，共有72座山峰，逶迤绵延400余千米。主峰祝融峰海拔1290米，登上主峰极目远眺，北面是烟波浩渺、若隐若现的洞庭湖，南面为奔腾起伏、如幛如屏的翠峰，东面为宛如玉带、飘然北去的湘江，西面则是云雾缭绕、时隐时现的雪峰山。从祝融峰下行，但见梯级茶行，蜿蜒曲折。

衡山古木参天，翠竹灌林，山巅峪谷四季云雾缭绕，茶树生长茂盛。这里所产的南岳云雾茶造形优美，香味浓郁甘醇，久负盛名，在唐代就被列为"贡品"。

相传，唐代天宝年间，任南岳庙掌教的江苏清晏禅师，见有一条

南岳云雾原植物

大白蛇，将茶籽埋到庙的旁边，从此之后南岳便产茶了。一天，一股清泉从石窟进出，人们称它为"珍珠泉"。清晏禅师用珍珠泉的水冲泡茶叶，茶叶的色香味更好。还传说，浙江杭州的虎跑水是唐朝宪宗时，有一位高僧向南岳借去的，当时所借的是这里的"童子泉"。

6 | 韶峰茶

一位游览韶山的人曾写下这样的诗篇："万国五洲瞻旧宅，韶山松竹四时春。果然一派农家景，为有开天辟地人。"韶峰茶，就产于这个"松竹四时春"的湖南湘潭县的韶山区。

革命伟人毛泽东诞生在这里。如果有机会到毛泽东故居韶山参观，在品尝毛家菜的时候，一定要喝上一杯韶峰茶。这里的韶山冲，群山环抱，耸翠的韶峰山是衡岳七十二峰之一，整个山峰峭立峻秀，松柏成林。著名的韶山河穿山而过，风景非常壮观，是产茶的好地方。

韶峰茶于1968年由韶山茶场创制。几十年来，采制技术不断改进，产品品质进一步得到了提高。

韶峰茶具有条索圆紧、肥壮，锋苗挺秀，银毫显露，色泽翠绿光润，内质清香芳郁，汤色清澈，叶底匀嫩，芽叶成朵的特点。

7 | 君山银针

美丽富饶的洞庭湖区位于长江中游以南、湖南省北部。以洞庭湖为中心，包括岳阳、华容、临湘等12个县。湖区内有很多名胜古迹，如岳阳楼、桃花源、君山等。其中，君山又被称为洞庭山，李白曾这样赞美它："淡扫明湖开玉镜，丹青画出是君山。"关于君山有很多神话传说，如湘妃竹和柳毅传书的故事。这里有龙涎井、柳毅井、飞来钟和用秦始皇御玺盖的"封山"印。

白银盘里的"君山银针"，就产于君山上。此茶由未展开的肥嫩芽头制成，芽头肥壮、挺直、匀齐，满披茸毛，色泽金黄光亮，香气清鲜。君山海拔90米，四周白浪滔天，烟波缥缈，山上土壤深厚、肥沃，气候湿润，云雾缭绕，自然环境非常适宜茶树的生长。

君山茶历史悠久，据考证，唐代时就已出名，文成公主出嫁西藏时就选带了君山茶。南北朝梁武帝时期，君山茶被列为贡品。

君山银针属轻发酵茶，做工精细讲究，是黄茶中的珍品。采摘时要求雨天不采，紫色芽不采，露水芽不采，开口芽不采，空心芽不采，冻伤芽不采，过长过短芽不采，虫伤芽不采，瘦弱芽不采，一共有"九不采"。其汤色红润，散发淡淡幽香。君山银针风格独特，产量稀少，为我国十大名茶之一。

8 | 安化黑茶

安化黑茶，因产自湖南省安化县而得名，属于后发酵茶。安化境内群山连片，丘、岗、平地零散分布，山体切割较强烈，溪谷发育，水系密度大。茶园土壤以酸性和弱性为主，氮、钾等有机质含量丰富。安化县处于亚热带季风气候区，四季分明，雨量充沛，严寒期短，茶树的生长期长达7个多月。安化黑茶主要品种有"三尖""三砖""一卷"。三尖茶又称为湘尖茶，指天尖、贡尖、生尖；"三砖"指茯砖、黑砖和花砖；"一卷"是指花卷茶，现统称安化千两茶。安化黑茶是中国黑茶的始祖，在唐代（856）的史料中记载为"渠江薄片"，曾被列为朝廷贡品，明嘉靖三年（1524）就正式创制出了安化黑茶。安化黑茶的茶汤透明洁净，叶底形质轻新，香气浓郁清正，长久悠远沁心。1939年，中国黑茶理论之父——彭先泽在安化试制黑砖茶获得成功，诞生了中国第一片黑砖茶，1953年研制生产了湖南省第一片茯砖茶，1958年研制了中国第一片花砖茶，安化由此成为中国黑茶紧压茶的摇篮。2008年，千两茶制作技艺被列入第二批国家级非物质文化遗产名录；2010年安化黑茶被国家质检总局列入国家地理标志产品保护目录；2011年，安化黑茶被国家工商总局认定为中国驰名商标。

✿ 五

湖北名茶

1 | 宜昌红茶、峡州碧峰、邓村绿茶

宜昌红茶产于鄂西山区宜昌、恩施两地区，邻近的湘西石门、慈利、桑植等县也有部分生产。鄂西山区乃神农架一带，气候温和，雨量充沛，山林茂密，河流纵横，土壤大部分属微酸性黄红壤土，适宜茶树生长。

湖北宜昌地区是我国古老茶区之一。"茶圣"陆羽青年时期曾去宜昌考察，后在世界第一部茶叶专著《茶经》中，把该地区的茶叶列为山南茶之首。宋代文学家欧阳修在宜昌任县令时曾写下"春秋楚国西偏境，陆羽茶经第一州"的诗句，对陆羽高度评价宜昌茶表示赞同。

宜昌红茶问世于19世纪中叶，距今已有百余年历史。该茶外形条索紧细有金毫，色泽乌润，香甜纯高长，味醇厚鲜爽，汤色红亮，叶底红亮柔软，茶汤稍冷即有"冷后浑"现象产生，是我国著名的工夫红茶之一。

邓村绿茶茶汤

峡州碧峰产于宜昌县境内长江西陵峡两岸的半高山茶区。因这里唐代时为峡州属地，故名"峡州碧峰"。茶区气候温和，山水秀丽，岗岭起伏，为茶树生长发育创造了良好的生态条件。

峡州碧峰的外形条索紧秀显毫，色泽翠绿，香气高长，汤色黄绿，滋味鲜爽，叶底嫩绿。

宜昌县邓村乡是湖北省著名茶乡，距举世瞩目的三峡大坝坝址仅23千米，邓村茶树就生长在海拔800米的山坡上。这里海拔高，昼夜温差大，加之长江及其水系的水文气象效应，山中云雾较多，雨量充沛，土壤肥沃，具有生长优质茶树的优越生态环境，因此邓村所产的茶叶品质十分优良，氨基酸含量达到5.76％，茶多酚、氨基酸比例恰当。

邓村绿茶的外形条索紧结重实，色泽绿润，内质栗香悠长，汤色黄绿明亮，滋味醇厚，叶底绿亮，是炒青绿茶中的名品、精品，深受人们的喜爱。

2 | 隆中茶

隆中茶产于湖北省襄城以西十余千米处的隆中。隆中是我国三国时期杰出的军事家、政治家诸葛孔明隐居躬耕的故乡。这里山虽不高，但秀雅；水虽不深，但澄清；地虽不广，但平坦；林虽不大，但茂盛。猿鹤相见，松篁交翠，景色非常幽雅、宜人。"隆中茶"也以其特有的芳香，为游客增添了无限乐趣。

隆中茶现有两个品种：炒青型和翠峰型。两个品种的品质特征各不相同，炒青型外形条索紧结重实，色润而绿，香高味厚，回味甘甜；翠峰型外形紧直，翠绿显毫，汤色清澈明亮，香气清高持久，滋味鲜爽回甘。

隆中茶

3 | 恩施玉露

恩施玉露产于湖北省恩施市南部的芭蕉乡及东郊五峰山。五峰山雨量充沛，气候温和，云雾缭绕，山坡平缓，沙质土壤深厚肥沃，山下为滔滔的清江所环抱，在如此良好的生态环境中生长的茶树不但健壮，而且代谢旺盛，内含丰富的蛋白质、叶绿素、氨基酸和芳香物质，是制作色、香、味、形俱佳的"玉露茶"的上好原料。

恩施玉露是我国目前保留下来的为数不多的传统蒸青绿茶之一，其制作工艺及使用的工具相当古老，杀青沿用我国唐代所用的蒸气杀青方法。

恩施产茶历史悠久。远在宋代，这里已有茶叶生产。相传清康熙年间，恩施芭蕉黄连溪有一蓝姓茶商，垒灶研制，其焙茶炉灶与今日玉露的茶焙炉非常相近。所制的茶叶，外形紧圆挺直，色绿，珍贵如玉，故称"玉绿"。到了1936年，湖北省民生公司在与黄连溪毗邻接壤的宣恩县庆阳坝设厂制茶，其茶汤色绿亮，鲜香味爽，外形色泽翠绿，毫白如玉，格外显露，改名为"玉露"。由于品质优异，发展很快，先后运销恩施、襄樊、光化、豫西等地，并远销日本。

"恩施玉露"的外形条索紧圆、光滑、纤细，挺直如针，色泽苍翠绿润，日本商人将其誉为"松针"。经沸水冲泡，芽叶复展如生，开始亭亭悬浮杯中，继而沉降杯底，平伏完整，汤色嫩绿明亮，如玉如露，香气清爽，滋味醇和。

恩施玉露

恩施玉露茶汤

六
江西名茶

1 | 婺源茗眉

地处江西省东北部的婺源县与浙江、安徽两省交界，正好处于庐山、黄山、三清山和景德镇旅游金三角区域。婺源县建于唐朝开元28年（740），境内林木葱郁，峡谷深秀，峰峦叠嶂，溪流潺潺，奇峰、驿道、怪石、茶亭、古树、廊桥及多个生态保护小区构成了婺源美丽的自然景观。

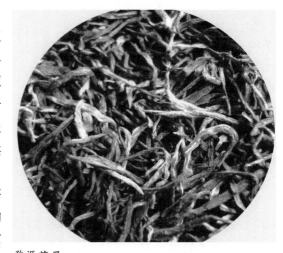

婺源茗眉

自古以来婺源县就以产茶量多质优著称（以前婺源县隶属安徽省，中外闻名的"屯绿"，部分产品就产在婺源）。"茗眉"是婺源、江西和全国的名茶。

婺源茗眉是以上好婺源大叶种的鲜叶为原料，经过精细加工而成，芽叶匀齐，1958年创制当年就被评为中国名茶。婺源茗眉因为茶树生长条件优越，茶树品种良好，采制精细，成茶品质具有外形弯曲似眉，翠绿紧结，银毫披露，内质香高，鲜浓持久，滋味鲜爽甘醇等特点。

2 | 云林茶

云林茶产于江西省金溪县黄通乡云林源的东西两侧的高岗上。这里峻岭连绵，群峰起伏，竹木苍翠，云雾缭绕，山清水秀，风景宜人。方圆数十里，每座山都有茶树生长。相传清代乾隆年间，太傅朱志韩把家乡所产的云林茶献给乾隆皇帝品尝，乾隆饮后，顿觉齿颊留芳，十分喜爱，倍加赞赏。后来，云林茶被列为贡品。

以前，云林茶大多分布在竹木林中和山谷之间，比较零散，被当地群众称为野山茶，年产量仅约100千克，只在省内转销。20世纪50年代开始，这里实施大规模的垦荒种植，建立新的茶园，茶叶生产有了很大发展，云林茶于1985年被评为江西省"优质名茶"之一。

云林茶

云林茶外形色泽翠绿，白毫显露，条索细紧，滋味甘醇鲜爽，汤色碧绿清澈，特别突出的是香气清幽高雅，特似春兰初放。正如诗人所赞扬的："凭君汲井试烹之，不是人间香味色。"

云林茶制作十分讲究，炒制分杀青、揉捻、炒坯做条、提毫、再烘提香等五道工序。最后一道再烘提香工序非同一般，采用低温长烘，最后在起烘前，又将温度突然升高，高温烘约3分钟，所谓"开始磨冷烘，最后用突火"。如此烘法，才成就了香气清幽的"云林"。

3 | 通天岩茶

通天岩茶产于江西省石城县通天寨的通天岩。这里山势险峻，石山耸峙，怪石嶙峋，岩赤如霞，呈现紫色砂砾岩区的特有景色。

沿着寨西小道蜿蜒而上，登石阶500余级，前面有一巨石耸立，其形"上合下开，高广约两寻丈，内如合掌，外若两大指之合，顶端新月形，并有异常光辉"，通天岩由此而得名。

茶园多分布于重岩叠翠的深谷幽壑之中。这里植被繁茂，云雾缭绕，气候湿润，雨量充沛，年平均温度18.3℃，年平均降雨量1674毫米，空气湿润，土层深厚。这里种植的茶树芽肥厚，内含有效成分特别丰富，为制茶提供了优良的物质基础。

据清康熙《石城县志》记载："谓县南十五里通天岩有异茶，善制者往往携囊就采制，清芬淡逸，气袭幽兰，绝胜宁芥赣储。"可见远在清代，这里所产茶叶的品质，就远超宁都县"林芥茶"和赣县的"储山茶"了。

通天岩茶采制工艺精湛，成茶外形条索紧结，色泽润绿显毫，香气清高幽雅，汤色清澈，味醇爽品，叶底嫩绿明亮。

4 | 上饶白眉

上饶市位于江西省的东部，境内有著名的三清山风景名胜区。

三清山位于江西东北部玉山县和德兴市交界处。主峰玉京峰海拔1817米，雄踞于怀玉山脉群峰之上。三清山因玉京、玉华、玉座三峰峻拔，就像道教所尊崇的玉清、上清、太清三神列坐其巅，并有古建筑三清宫而得名。

上饶白眉是江西省上饶县创制的特种绿茶，它的特点是满披白毫，外观雪白，外形就像老寿星的眉毛，因而得名。

上饶白眉

白眉茶外形壮实，条索匀直，白毫特多，色泽绿润，香气清高，滋味鲜浓，叶底嫩绿。白眉茶因鲜叶嫩度的差别分为银毫、毛尖和翠峰三个花色。三者各具风格，品质均优，统称为"上饶白眉"。特别是银毫，外表雪白，茶叶沏泡杯中，朵朵芽叶仿佛雀舌，亭亭玉立，不仅饮后回味无穷，而且冲泡后芽叶雀跃的情景，也令人赞叹。

上饶白眉自1982年以来，四次被评为江西省优质名茶，并荣获"1985年度农牧渔业部优质产品"奖。1995年，上饶白眉在第二届中国农业博览会上获"金牌"奖，并被评为中国名茶。在2010年第十七届上海国际茶文化节上，上饶白眉荣获"2010年上海国际茶文化节中国名茶"评选金奖。

5 | 庐山云雾

庐山位于中国江西省的北部，北邻长江，南接鄱阳湖，大山、大江、大湖浑然一体，险峻与秀丽刚柔相济，素以"雄、奇、险、秀"闻名于世。

庐山是一座地垒式断块山，外险内秀，具有河流、湖泊、坡地、山峰等多种地貌。主峰—大汉阳峰，海拔1474米；庐山自古命名的山峰便有171座。群峰间散布冈岭26座，壑谷20条，岩洞16个，怪石22处。水流在河谷发育裂点形成许多急流与瀑布，瀑布22处，溪涧18条，湖潭14处。著名的三叠泉瀑布，落差达155米。

庐山云雾原植物

庐山种茶的历史悠久，从汉朝开始，这里就已经有了茶树种植。那时，佛教已传入我国，当时庐山梵宫寺院达300余座，香火较旺，僧侣众多。僧侣们攀危崖，冒飞泉，竞采野茶，于白云深处，劈崖填峪，栽种茶树。东晋时庐山已成为我国的佛教中心之一。据记载，当时的名僧慧远在山上居住了30余年，他聚集了很多僧徒，讲授佛学，在山中发展种茶业。唐朝时庐山茶已比较著名了。到宋朝庐山已有多种名茶，庐山云雾有记载的历史是从明代《庐山志》开始的，至今至少已有300余年历史。

20世纪50年代以来，庐山云雾得到了飞速的发展，庐山现有5000余亩茶园，分布在整个庐山的汉阳峰、五老峰、小天池、大天池、含鄱口、花径、天桥、修静庵、碧云庵等地。其中以终日云雾不散的五老峰与汉阳峰之间的茶叶品质最好。

　　庐山云雾工艺精湛，共分九道工序。它的外形条索紧结重实，饱满秀丽，色泽碧嫩光滑，茶芽隐绿，香气芬芳、高长、锐鲜，汤色绿而透明，滋味爽快、浓醇鲜甘，叶底嫩绿微黄、鲜明、柔软舒展。

6 ｜ 双井绿、宁红工夫茶

　　"山谷家乡双井茶，一啜犹须三日夸。暖水春晖润畦雨，新枝旧柯竞抽芽。"这是黄庭坚对家乡（江西省修水县双井村）所产双井茶的赞誉。黄庭坚还经常把精制的双井茶分赠京师族人及好友欧阳修、苏东坡等。

　　苏东坡品尝过双井茶后，也是赞不绝口，称赞双井茶为"奇茗"，并且从泡到饮，都亲自动手。

双井绿原植物

　　欧阳修喝了双井茶后也作了高度评价，他认为双井茶的品质之所以好，首先是这种茶萌发得早，采摘极早而很细嫩，"十斤茶养一两芽"。又说茶芽上白毫很多，茶叶包装也很精致，用红纱做茶袋，令人赏心悦目。

　　双井绿产于江西省修水县杭口乡"十里秀水"的双井村。该村江边有座石崖形成的钓鱼台，台下有两井，在一块石崖上镌刻着黄庭坚手书"双井"两字。茶园就坐落在钓鱼台畔。这里依山傍水，土质肥厚，温暖湿润，时有云雾，茶树芽叶肥壮，柔嫩多毫。

　　古代的"双井茶"属蒸青散茶类，用蒸气杀青，再烘干、磨碎、煮饮。如今的"双井绿"，分为特级和一级两个等级。特级以一芽一叶初展，芽叶长度为2.5厘米左右的鲜叶制成；一级以一芽二叶初展的鲜叶制成。加工工艺分为鲜叶摊放、杀青、揉捻、初烘、整形提毫、复烘六道工序。

　　双井绿的品质是外形圆紧略曲，形如凤爪，锋苗润秀，银毫显露，内质香气高香持久，汤色明亮，滋味鲜醇，叶底嫩绿。1985年在江西省名茶评比鉴定中，双井绿被评为全省八大名茶之一。

　　宁红工夫茶是我国最早的工夫红茶之一，主产于江西修水。

　　宁红工夫茶生产起于清道光年间，到光绪三十一年，宁红工夫茶年产量近万吨，值银千万元，占当时全省农业收入的一半。它也是中国传统的出口品种，最鼎盛时期年出口达7500吨，但后来因内战外侮，中俄贸易中断，日本掠夺，1933年仅

宁红工夫茶原植物

出口100余吨。近几十年来，宁红工夫茶逐渐恢复，重又驰名中外。

宁红工夫茶外形条索紧结圆直，锋苗挺拔，略显红筋，色乌略红，光润，内质香高持久似"祁红"，滋味醇厚甜和，汤色红亮，叶底红匀。高级茶"宁红金毫"条紧细秀丽，金毫显露，多锋苗，色乌润，香味鲜嫩醇爽，汤色红艳，叶底红嫩多芽。

7 | 井冈翠绿

井冈山位于江西省南部湘赣两省交界的罗霄山脉的中部。井冈山整个地势中部高，四周低，高度不同处呈极明显的两级阶梯。中部老井冈区多是巍峨挺立、高峰插云的崇山峻岭，海拔多在1000～1500米，主峰海拔1428米。井冈山边缘地带却是冈顶浑圆的低山和丘陵，海拔多在500米左右。在两级地形分界处，咫尺之地往往相对高差达四五百米，地势急转直下，一落千丈，著名的五大哨口就屹立在地势转折地带的险山要隘上，旧时进出井冈山中心——茨坪的五条主要山道即在此险道之中。井冈山地形的另一个特点是冈上多井状盆地，"井冈"之名即由此而来。

井冈山区不仅地势险峻，崖路崎岖，而且溪流密布。这些溪流有的急湍而下，有的依山萦绕，有的却飞流成瀑，给壮丽的井冈山增添了无限风光。井冈山林竹茂密，花木繁多，这里不仅有千山树，万山水，走路不见天的片片山林，还有郁郁苍苍的井冈翠竹和杜鹃，为多姿的井冈山更添风采。井冈山的游览胜地则有茨坪、龙潭、黄洋界、笔架山、五指峰、石燕洞等。

井冈山产茶，流传着一个美丽的神话。相传很早以前，天上有一位仙姑名叫石姬，她看不惯天上权贵的淫威，离开仙境来到人间。她云游了无数名山大川，最后来到井冈山的一个小村。村中人好客，家家泡上自己做的好茶接待她。石姬深受感动，又看到山村风景特别秀丽，便长住了下来。石姬向村民学习种茶与制茶，经过几年努力，石姬种的茶树长得非常好，制作的茶叶品质也特别可口。从此这个村产的茶叶名声越来越大，销路越来越广，村民的生活得到了很大的改善。为了纪念石姬的一片诚心，后人就把这个村叫做"石姬村"，这个村所在的山窝叫做"石姬窝"，流经这里的一条溪叫做"石姬溪"。现在不仅石姬村产茶，井冈山的花果山、桐木岭、梨坪一带均有茶叶生产。

井冈翠绿是江西省井冈山垦殖场茨坪茶厂经过10余年的努力创造而成的。1982年被评为江西省八大名茶之一；1985年分别被评为江西省和国家农牧渔业部的优质名茶；1988年被评为江西省新创名茶第一名。因为产地为井冈山，色泽翠绿，故名"井冈翠绿"。

井冈翠绿外形条索细紧曲勾，色泽翠绿多毫，香气鲜嫩，汤色清澈明亮，滋味甘醇，叶底完整，嫩绿明亮。该茶放入杯中冲泡，芽叶吸水散开，宛如天女散花，徐徐而降，再等片刻，芽叶散开更大，又如兰花朵朵在水中盛开，栩栩如生，给人以一种美的享受。

七
河南名茶

信阳毛尖

　　信阳毛尖是河南少有的名茶，产于河南省南部大别山区的信阳县，和大别山一样古老，有200多年的历史。茶园主要分布在车云山、天云山、集云山、震雷山、云雾山、黑龙潭等群山的峡谷之间。这里地势高峻，一般高达800米以上，群峦叠翠，溪流纵横，云雾缭绕。还有豫南"第一泉"黑龙潭和白龙潭，景色优美。优越的自然条件滋生润育了柔嫩的茶芽，为制作风格独特的茶叶提供了天然条件。

　　信阳毛尖的外形细圆紧直，多白毫，内质清香，汤色绿，味道浓。吃口很好，胜过了很多江南名茶。1915年，信阳毛尖在巴拿马万国博览会上获名茶优质奖状，1959年被列为我国十大名茶之一，1982年再次被评为国家部级优质名茶。目前销往美国、德国、日本、新加坡、马来西亚等10多个国家。

信阳毛尖茶汤

信阳毛尖

八
福建名茶

1 | 铁观音、黄旦

安溪是福建省东南部的一个县，靠近厦门，是闽南乌龙茶的主产区，种茶历史悠久，唐代已经开始产茶。安溪境内雨量充沛，气候温和，山峦重叠，林木繁多，终年云雾缭绕，山清水秀，适宜于茶树生长，而且经过历代茶人的辛勤劳动，选育繁殖了一系列茶树良种。目前境内保存的良种有60多个，例如铁观音、黄旦、本山、毛蟹、大叶乌龙、梅占等都属于全国知名良种，安溪也因此有"茶树良种宝库"之称。其中，品质最好、知名度最高的是铁观音。

铁观音原产安溪县西坪乡，有200多年的历史。关于铁观音品种的由来，安溪地区流传着两个传说：一说是西坪茶农魏饮做了一个梦，观音菩萨赐给他一株茶树栽种而成；另一说是安溪尧阳人王士让在一株茶树上采叶制成茶献给皇上，皇上赐名"铁观音"。

铁观音原植物

良种铁观音茶树的树形不大，叶色深绿，叶质柔软肥厚，芽叶肥壮，茶条卷曲，肥壮圆结，沉重匀整，色泽砂绿。整体来看，形状似蜻蜓头、螺旋体、青蛙腿。采用铁观音良种芽叶制成的乌龙茶也称"铁观音"。因此，铁观音既是茶树品种名，也是茶名。

铁观音原植物

铁观音原植物

铁观音的采制技术比较特别，不采摘非常幼嫩的芽叶，而是采摘"开面采"，即指叶片已全部展开的叶子。一般，最好采用新鲜完整的鲜叶，再进行凉青、晒青和摇青（做青），直到自然花香释放、香气浓郁时进行炒青、揉捻和包揉（用棉布包茶滚揉），等到茶叶卷缩成颗粒后以文火焙干。制成毛茶后，再经筛分、风选、拣剔、匀堆、包装，制成商品茶。

黄旦原产自安溪县罗岩。关于黄旦的由来，有两种传说：

黄旦原植物

其一，传说清咸丰年间，安溪罗岩灶坑村（今虎邱乡美庄村）有个叫林梓琴的青年，娶了西坪珠洋村女子王淡为妻。按照当地风俗，结婚一个月后，新娘要从娘家带回一种叫做"带青"（即植物幼苗）礼物，以象征世代相传、子孙兴旺。王氏的"带青"即为两株小茶苗，种在祖祠旁园地里。经过他们夫妻的精心培育，长得枝繁叶茂。采制成茶，色如黄金，奇香似桂，左邻右舍争相品尝，纷纷称赞，即以王淡名字谐音命名为"黄旦"。后来，茶商林金泰将"黄旦"运销东南亚各国，供不应求。

黄旦

其二，19世纪中叶，安溪罗岩灶坑村茶农魏珍外出路过北溪天边岭，看见一株呈金黄色的茶树。他很好奇，就将它移植到家中盆栽。后经精心培育，压枝繁殖，茁壮生长。采制成茶后，冲泡品饮，茶香扑鼻，芬芳迷人。于是，人们根据其叶色、汤色特征取名为"黄旦"。

大红袍原植物

2 | 大红袍

武夷岩茶产自闽北的武夷山，是产于闽北崇安县武夷山岩上多种乌龙茶类的总称。武夷岩茶具有绿茶的清香，有红茶的甘醇，是中国乌龙茶中的极品。

武夷产茶历史悠久。唐代已有栽种，宋代被列为皇家贡品，元代在武夷山九曲溪设立御茶园专门采制贡茶，明末清初创制了"乌龙茶"。武夷山栽种的茶树品种繁多，有"大红袍""铁罗汉""白鸡冠""水金龟""四大名枞"等。按照茶树生长环境命名的有"不见天""金锁匙"等；按照茶树形状命名的有"醉海棠""醉洞宾""钓金龟""凤尾草""玉麒麟""一枝香"等；按照茶树叶形命名的有"瓜子金""金钱""竹丝""金柳条""倒叶柳"等；按照茶树发芽迟早命名的有"迎春柳""不知春"等；按照成茶香型命名的有"肉桂""石乳香""白麝香"等。

在各类武夷岩茶中，大红袍的品质最好。大红袍茶树生长在武夷山九龙窠高岩峭壁上，这里日照短，多反射光，昼夜温差大，岩顶终年有细泉浸润，特殊的自然环境造就了大红袍的独特品质。大红袍成品茶叶外形条索紧结，色泽绿褐鲜润，冲泡后汤色橙黄明亮，叶片红绿相间，典型的叶片有绿叶红镶边之美感。

目前，大红袍茶树有6株，都是灌木茶丛，叶质较厚，芽头微微泛红。

大红袍生境图

3 | 天山绿茶

天山绿茶产自福建省天山，天山位于东海之滨，主峰天湖山屹立在福建省屏南、宁德、古田三县交界的屏南黛溪乡。除天湖山外，还有天峰山、仙峰山、大坪山等山脉，都是天山绿茶的原产地。这里山峰险峻，海拔1300米左右，林木参天，云海翻滚，气候温和，土壤肥沃，多为结构疏松的沙质壤土。茶树多生长在岩间和山坡上，树壮芽肥，非常合适种植天山绿茶。

据《宁德县志》记载，天山绿茶曾经历一段变革演化过程。宋代生产饼茶、团茶，也生产龙团茶、乳茶。到了元、明代生产茶饼，供作礼品和祭祀品。1781年前后，天山所产的"芽茶"被列为贡品。明清以后，以生产炒青条形茶为主。几经变革，1979年改制为烘青型绿茶，成为高档花茶的优质原料。

历史上，天山绿茶花色品种丰富多彩，而今，除少数花色品种失传外，大多数传统花色品种，如"天山雀舌""明前""清明""凤眉"等均得到恢复，并创制了新的品种，如"天山毛峰""清水绿""四季春""天山银毫""毛尖"等。这些绿茶以五大特点之锋苗挺秀、香高、味浓、色翠、耐泡，赢得了荣誉。从1979年恢复生产以来，绿茶曾多次在名茶评选会上获奖，名列前茅。"天山银毫茉莉花茶"在全国内销花茶评比会上，名列第一。 1982年、1986年两次被评为全国名茶，被国家商业部授予全国名茶荣誉证书。

天山绿茶具有色泽翠绿、汤色碧绿、叶底嫩绿的"三绿"特色，且外形条索嫩匀，锋苗挺秀，茸毫显露，香似珠兰花香，芬芳鲜爽，滋味浓厚回甘，犹如新鲜橄榄，汤色清澈明亮，经泡耐饮，冲泡3～4次，茶味犹存。饮之幽香四溢，齿颊留芳，令人心旷神怡。

九
广西名茶

1 | 西山茶

　　广西桂平西山又名思灵山，因在桂平县城以西一千米而得名。从南梁王朝设桂平郡治于西山起，逐渐成为旅游胜地。山上清泉甘冽，古树参天，怪石嶙峋，石径曲幽。有李公祠、龙华寺、洗石庵、中山飞阁、乳泉亭、如意亭、龙亭等建筑物。

　　乳泉亭旁，泉水从石岩流出，夏不溢，冬不竭，滋味甘甜，酿酒酒醇，泡茶茶香。乳泉酒和西山茶均驰名于世。

　　桂平西山茶，又名"棋盘石西山茶"。在广西的名茶中，它的品质最好。

　　西山茶始于唐代，到了明代已享盛名。据《桂平县志》载："西山茶，出西山棋盘石、乳泉井、观音岩下，矮株散植，根吸石髓，叶映朝暾，故味甘腴，而气芬芳，杭湖龙井未能逮也。"昔日名气并不在西湖龙井之下。

西山茶原植物

桂平县的西山，集名山、名寺、名泉、名茶于一地，最高山岩海拔约700米。山中古树参天，绿林浓荫，云雾悠悠，茶树多生长在山腰的奇峰怪石间，是一个理想的产茶之地。

西山茶的采摘特点是勤采嫩摘。每年的2月底或3月初开采，一直采到11月份，一年采茶20~30批。一般炒制500克特级西山茶，需采芽叶40000个左右。

西山茶的条索紧结，纤细匀整，呈龙卷状，黛绿银尖，茸毫盖锋梢，幽香持久，滋味醇和，回甘鲜爽，汤色碧绿清澈，叶底嫩绿明亮。

2 | 桂林毛尖

桂林，素以"山水甲天下"闻名中外。清澈的漓江水从桂林流向阳朔，伏坡山、叠彩山、象鼻山等两岸佳景，如梦如幻。桂林市周围有很多美景：著名的漓江之源猫儿山，华南第一峰，世界最古老、建筑最精巧的古运河兴安灵渠，天下一绝龙脊梯田，融雄、奇、险、秀于一体的资源八角寨，有惊无险的山水画廊资江，奇异多姿的平乐榕津千年古榕林等，还有丰富多彩、各具特色的桂北少数民族风情。

桂林毛尖茶汤

桂林毛尖产于桂林尧山地带，是广西名茶中的新秀，20世纪80年代由广西桂林茶叶研究所创制而成。毛尖茶区属丘陵山区，海拔约

桂林毛尖原植物

300米，园内渠流纵横，气候温和，年均无霜期长达309天，春茶期间雨水较多，雾较浓，非常有利茶树生长。

桂林毛尖选用从福建引种的"福云六号"和"福鼎种"等良种的芽叶为原料。清明前后开采，采摘标准为一芽一叶初展。该茶加工方法类同高级烘青茶。

桂林毛尖的品质特点是条索紧细，白毫显露，色泽翠绿，香气清高持久，滋味醇和鲜爽，汤色碧绿清澈，叶底嫩绿明亮。

桂林毛尖原植物

3 | 象棋云雾

广西昭平县文竹镇临江冲有一片保存完好的原始森林，面积约70平方千米，森林覆盖率在95%以上。森林种类以亚热带常绿阔叶林为主，其中包括野杉、楠木等珍贵树种。同时，林区内还生长着猴子、乌龟、白鹇等众多珍稀动物，且奇峰怪石林立，飞瀑流泉到处可见，景色十分优美。离这片原始森林的不远的象棋山，奇异的地形蕴涵出一种好茶——象棋云雾。象棋山古木参天，奇峰叠嶂，云海雾涛，百卉溢香，奇草遍地，雨量充沛，气候温和，土层深厚，土壤肥沃，茶树就分布在海拔700米左右的山坡上。

象棋云雾

象棋云雾的条索紧细微曲，色泽翠绿油润，香气馥郁，伴有蜜糖花香，滋味鲜爽回甘，汤色嫩绿清澈，叶底嫩绿明亮。饮之齿颊留芳，沁人心脾，解暑消炎，强身健体，益寿延年，具有高山云雾茶的特色。

十
广东名茶

凤凰水仙

潮州拥有启闭式桥梁文济桥，被专家们誉为国内罕见的宋代民居建筑许驸马府，全国历史最长的纪念韩愈的祠宇韩文公之祠，木雕艺术堪称一绝的"己略黄公祠"，周总理办过公的涵碧楼等珍贵的文物遗产。以潮州音乐、潮州方言、潮州大锣鼓、潮州工艺、潮剧、潮州菜和潮州工夫茶等为代表的潮州文化，更是异彩纷呈，名传遐迩。

凤凰水仙茶汤

凤凰水仙产于潮安县凤凰山区。该区海拔在1100米以上，山区气候温和，雨量充沛，土层深厚，云雾弥漫，日照短而漫射光充足，昼夜温差比较大，很适宜种植茶树。

凤凰水仙的叶型比较大，叶面平展，前端多突尖，叶尖下垂犹如鸟嘴，因此当地称为"鸟嘴茶"。春茶在清明前后到立夏间采制，夏茶在立夏后至小暑间采制，秋茶在立秋至霜降间采制，立冬至小雪间采到的茶称为"雪片"。

南宋末年，宋帝赵昺南下潮汕，路经凤凰山区乌崇山时，突然感到口渴，侍从便采下一种叶尖似鸟嘴的树叶加以烹制，宋帝喝了之后，止咳生津，立马见效，从此这种树被广为栽种，人们称之为"宋种"。

近年来，凤凰水仙茶系品类日趋繁富，质量不断提高，名茶迭出，令人目不暇接："凤凰单枞""群体单枞""白叶单枞""黄金桂""黄枝香""奇兰""蓬莱茗""八仙"……

凤凰水仙原植物

凤凰水仙茶叶

十一
四川名茶

1 | 竹叶青、峨蕊

久闻峨眉是"普贤道场",作为佛教四大名山之一,那里晨钟暮鼓,佛音缭绕,香烟弥漫,自山麓到山顶,"一日有四季,十里不同天"。

高过五岳,秀甲天下。在我国供游览的名山之中,峨眉山可说是最高的一座,主峰万佛顶海拔3099米。由于山上山下温差较大,山下到山顶气温相差约15℃。这种自然环境为各类植物提供了优越的生长条件。

竹叶青即产于海拔800~1200米的峨眉山中。

竹叶青于1964年得名。当年,陈毅元帅在接受峨眉山方丈敬奉云雾茶并且请求命名时,见其外形似竹叶,茶汤碧绿,滋味清醇甘冽,遂命名为"竹叶青"。

竹叶青原植物

竹叶青

竹叶青形似竹叶，两头尖细，外形扁条，香气高鲜，汤色清明，滋味醇浓，叶底嫩绿匀整。

峨眉山山腰的白龙洞、万年寺、清音阁及黑水寺一带为盛产名茶"峨蕊"之处。此处群山环绕，气候适宜，土壤肥沃，终年云雾环绕，是茶树生长的理想之地。

该茶条索紧细，白毫显露，形似花蕊，因此名为"峨蕊"。

峨眉山附近的村民早有上山挖茶及采摘野茶的习惯。根据《峨眉志》中记载："峨眉山多药草，茶尤好，异于天下。今黑水寺后绝顶产一种茶，味初苦终甘，不减江南春采。"远在1000多年以前，峨眉名茶便已列为贡品。唐代诗人白居易在诗中充分表达了对四川茶叶的热爱。白居易在收到李氏用红纸包封的清明前一两天所采制的雨前茶后，非常高兴，随即烧水，将水煎至鱼眼程度，再以"刀圭"等泡茶用具，试饮四川新茶。

"峨蕊"的采制十分精巧，清明前10天左右，茶芽初伸如谷粒大小时，即开始采摘。采回立即付制。炒制要经过四炒、三揉、一烘焙。芽叶炒制后，粒粒如蕊，纤秀如眉，茸毛显露，嫩绿油润，香高味爽，品尝之余，甘芳长留，心旷神怡。峨蕊的颗粒紧细，宋代诗人苏辙把这类叶形容成"春芽大麦粗"，说明其大小像麦粒一般粗细。这是最形象不过了。

竹叶青

2 | 峨眉毛峰

雅安历史悠久，山水秀丽，自然景观、人文景观和民俗资源丰富。这里是大熊猫的科学发现地和模式标本产地，中国大熊猫由此走向世界。现有雅安、芦山两个省级历史文化名城；安顺场、上里两个省级历史文化名镇；蜂桶寨、喇叭河两个自然保护区；蒙山、碧峰峡、夹金山、田湾河、二郎山、灵鹫山——大雪峰6个省级风景名胜区。

峨眉毛峰产于四川省雅安县凤鸣乡，原名"凤鸣毛峰"。雅安地处四川盆地西部边缘，与西藏高原东麓接壤，受西藏高原大地形和雅安所处四面环山地形所影响，雨量充沛，气候温和，冬无严寒，夏无酷暑，群山青翠，烟雨濛濛，湿热同季。

土壤肥沃，土层深厚，表土疏松，酸度适宜，为茶叶形成良好的品质创造了十分优越的条件。峨眉毛峰的外形条索细紧匀卷，色泽嫩绿，鲜润显毫，银芽秀丽，香气高洁，新鲜悦鼻，汤色微黄而碧绿，滋味浓爽适口，叶底匀整，整叶全芽，嫩绿明亮。该茶问世不久，即以其独特的风格跨入了全国名茶行列，1982年被国家商业部评为全国名茶。1985年在葡萄牙举办的第24届世界食品评选会上，峨眉毛峰荣获国际金质奖。

3 | 蒙顶甘露

蒙山，横亘于名山县城西北侧，山势北高南低，呈东北——西南带状分布，延伸至雅安境内。山体长约10千米，宽约4千米。蒙顶五峰环列，状若莲花，最高峰上清峰海拔1456米。蒙山麓有着浓郁的川西乡村景色，茂林修竹，小桥流水，环抱农舍。从海拔80～1000米的中山地带，由西向东，片片茶园，堆青叠翠，绿浪翻涌，苍翠宜人。现存古刹永兴寺、千佛寺、净居庵等坐落于茶园翠霭茂林间，红墙梵宇，别增情趣。山体中部以上是森林地带。林木覆盖，绵延至整个后山。这里是常绿针叶、阔叶混交林带，四季葱茏，春夏之际益发秀丽。主峰蒙顶的古银杏群，树龄超过千年，高大挺拔，春夏有如青盖，秋日宛若金云，十里可见，煞是奇特。

蒙山因"雨雾蒙沫"而得名，这里因常年降雨量达2000毫米以上，古称，"西蜀漏天"。西麓雅安有"雨城"之名，又有"雅安多雨，中心蒙山"之说。雨多而形成云多、雾多的景象。春夏秋季，从山巅俯瞰，云雾飘浮于山岭沟壑之间，小山浮露，恰似仙山琼阁。冬天从山下仰观，冰丝雪挂，山岗云绕，亦真亦幻。日出时金光漫射，红云飘浮。傍晚远望名山、雅安两城，万家灯火，如繁星落地，景象万千。

蒙山是中国种茶业和茶文化的发祥地之一，因为蒙山的海拔高度、土壤、气候等最适合茶树的生长，因此早在2000多年前的西汉时期，蒙山茶祖师吴理真好开始在蒙顶驯化栽种野生茶树，开始了人工种茶的历史。蒙顶茶的声名远扬使之成为历代文人墨客吟颂的对象。"扬子江中水，蒙顶山上茶"，这是古往今来名茶爱好者赞誉蒙顶茶的著名诗句。"蒙顶甘露"则是蒙山名茶诸明珠中，最光彩夺目的一颗。

明嘉靖年间已有"蒙山上清峰产甘露"的记载。据考证，蒙顶甘露是在总结宋代的"玉叶长春"和"万春银叶"两种茶炒制经验的基础上研制成功的。继承了上述二茶炒制方法的优点，又加以改进提高，直到现在，逐步形成了蒙顶甘露独特精湛的炒制技术。

每年春分时节，当茶园中有5％左右的茶芽萌发时，即开园采摘，标准为单芽或一芽一叶初展。蒙顶甘露独特的做形工序是决定外形品质特征的重要环节，其操作法是：将茶叶投入锅中，用双手将锅中茶叶抓起，五指分开，两手心相对，将茶叶握住团揉4～5转，撒入锅中，如此反复数次，然后略升锅温，双手加速团揉，直到满显白毫成形。

蒙顶甘露的外形紧卷多毫，嫩绿色润，香气馥郁，芬芳鲜嫩，汤色碧清微黄，清澈明亮，滋味鲜爽，浓郁回甜，叶底嫩芽秀丽、匀整。

蒙顶甘露茶叶

蒙顶甘露茶汤

4 | 青城雪芽

青城山位于都江堰市南，距成都市66千米。山上林木葱茏，峰峦叠翠，状若城郭，故称"青城"。全山景物幽美，有"青城天下幽"之称，是著名的游览胜地，是我国道教发祥地之一，相传为东汉张道陵讲经传道之所。

青城山共36峰，宫殿38处。青城山的主庙为天师洞，建于隋代，是一组规模宏大、结构精美的建筑。正殿里有唐代造的三皇像，历时1200年，至今仍然完好。青城山主峰海拔1600多米，沿石级盘旋而上，景致秀美，幽意袭人。

青城后山名庵古风荟萃，文物古迹甚丰，有神秘的溶洞、罕见的古墓群、大蜀王的遗迹。这里山势重叠，沟谷幽深，山泉瀑布在奇岩怪石间飞腾而下，势若游龙。修建在悬崖峭壁上的栈道，峰回路转，幽趣横生。其幽、险、雄、奇比前山尤胜。

青城后山主要景点有三龙水晶溶洞、五龙沟里的金娃娃沱、龙隐栈道和飞泉沟里的百丈长桥、天桥等。两沟分水岭尽处是白云群洞，岩洞高低错落、绵延数里。青城山麓有一条水质清澈甘甜的咪江，江水潺潺而下，很早以前这里就栽种茶树。

唐代陆羽在《茶经》中曾记载："蜀州青城县有散茶、贡茶"。据说陆羽还亲尝过青城茶，备加赞赏，把青城茶与九龙茶（也产于四川灌县）并列前茅。因此，青城雪芽又称"青城贡茶"，是近几年发掘古代名茶生产技艺，按照青城茶的特点，吸取传统制茶技术的优点，提高、发展、创制而成的。

青城雪芽外形芽叶壮丽，形直微曲，白毫显露，香高持久，滋味鲜浓，汤绿清澈，耐冲泡，叶底鲜嫩匀整，内含有效化学物质十分丰富。

5 | 文君嫩绿

邛崃是巴蜀四大古城之一，素有"临邛自古称繁庶""天府南来第一州"之美誉。市区距成都市75千米，扼川藏公路要冲，是川西地区重要的交通枢纽和商贸中心。邛崃文物古迹繁多，旅游资源得天独厚。

全国重点文物保护单位什邡堂唐代邛窑—民居遗址，被专家誉为"无价之宝"；西汉胜迹文君井，传说为卓文君与司马相如当垆沽酒之处；人类最早开采使用天然气的"火井"，全国第二高塔回澜塔、精美绝伦的石笋山、千佛崖摩崖造像、造型独特的高何石塔，都是稀世的文化瑰宝；省级风景名胜区天台山，瀑布飞虹、海子长滩、雪原林海、才岩巨石、佛光云霞等景象万千，形成了山奇、石怪、林幽、水美、云媚的神奇俊秀风格。

相传西汉年间，著名才子司马相如因父母双亡，无以为业，来到临邛（今邛崃县）求助于同窗好友王吉。当时王吉为临邛县令，为迎接司马相如，广请宾客设宴款待。在众宾客中有临邛首富卓王孙，他为讨好王吉，故作风雅，请司马相如到家作客。相如在卓家作客期间，常日夜抚琴，一曲优雅的《凤求凰》，飘入卓王孙之女卓文君房中。文君一听夜不成眠，于是不顾封建礼教，悄悄来到相如室外，隔窗偷听琴音。两人一见钟情，不久在一个月色朦胧的夜晚私奔，结为恩爱夫妻。后又返回临邛，两人爱茶，酌取井水，用以烹茶，当年文君取水的井，至今犹存。后人为纪念卓文君冲破封建礼教，忠贞爱情，特将新创制的绿茶取名"文君嫩绿"。

邛崃山脉有南宝山、花揪堰、平落、油榨、白合等茶叶产区。这里多高山峻岭，也有部分丘陵，两旁山势巍峨，峰峦挺秀，云雾缭绕，境内竹木苍翠，气候温和，空气湿润，雨量充沛，土质肥沃，为文君嫩绿的生产提供了得天独厚的自然条件。

文君嫩绿的做工复杂，工序有七道，加之有美丽的传说衬托，因此一问世，就成为四川省优质名茶。

十二
云南名茶

1 | 普洱茶

西双版纳位处云南省东端，古时傣语为"勐巴拉那西"，意为"理想而神奇的乐土"，此处以少数民族风情和神奇的热带雨林自然景观而闻名天下，是一个充满诗情画意的地方。大自然赋予西双版纳以丰富的物产资源，向来有"植物王国""药材之乡""植物基因库"以及"动物王国"的美誉。

普洱茶生产于云南西双版纳等地，由于自古以来均是在普洱集散而得名。普洱茶是选取绿茶或黑茶经蒸压而成的各种云南紧压茶的总称，包括饼茶、方茶、沱茶及紧茶等。

普洱茶

普洱茶品质优良，香气浓郁，滋味醇厚，主要供给藏族同胞饮用。普洱茶还有珍贵的药用功效，常有海外游客将它作为养生妙品。

2 | 云海白毫

云海白毫产于勐海，属西双版纳地区，地处祖国南端，气候温和，四季如春，古树参天，云雾缥缈，雨量充沛，土壤肥沃，腐殖质层深厚，为茶树生长的理想环境。得天独厚的环境条件与优质的大叶种茶树，是形成云海白毫品质的优越条件。

云海白毫因其产地常年云雾缭绕，酷似云海，茶叶身披白毫而得名，是20世纪70年代初由云南省农业科学院茶叶研究所创制的名茶。

云海白毫条索紧直圆浑，锋苗挺秀，身披白毫，香气清鲜，汤色黄绿明亮，滋味浓爽，甘美如饴，叶底匀嫩明亮。经常饮用云海白毫，可增强血管的弹性，对冠心病和高血压大有好处。

4 | 南糯白毫

南糯白毫产于云南省勐海县的南糯山。于1981年创制，接连两年被列为全国名茶。

南糯山的原始森林遮天蔽日，凤尾竹婀娜多姿，茶树涌翠泻玉，顺沿山坡铺排至云际。此处常年云雾缭绕，气候宜人，年降雨量约为1500毫米，土壤肥沃，腐殖质层厚达50厘米左右，向来有"海绵地"的说法。丰富的矿物质含量以及得天独厚的自然环境，适宜茶树的生长。

南糯白毫条索紧结，锋苗显露，身披白毫，香气馥郁清醇，汤色黄绿明亮，滋味浓厚纯爽，叶底匀嫩成朵。经冲耐泡，品后齿颊留芳，生津回甘。

南糯白毫

4 | 滇红工夫茶

滇红工夫茶属大叶种类工夫茶，是我国工夫红茶的奇葩，以外形肥硕紧实、金毫显露及香高味浓的品质而独树一帜，闻名于世。

云南红茶的生产只有七八十年的历史。1938年底，云南中国茶叶贸易股份公司建立后分别派人到顺宁（今凤庆）和佛海（今勐海）两地试制红茶，第一批约有500担，经由香港富华公司转销伦敦，深受顾客欢迎，以每磅800便士的最高价格售出而一举成名。据说英国女王将茶叶放入玻璃器皿中，以作观赏。后来由于战事连绵，滇红工夫茶发展受挫，直至20世纪50年代后才又重焕新生。

滇红工夫茶原植物

云南有干凉同季和雨热同季的气候特点，年平均气温维持在 15℃～18℃，昼夜温差平均超出10℃以上。自3月初到11月底，一年中茶叶可采摘9个月。

茶区峰峦绵延，云雾缥缈，溪涧穿织，雨量丰沛，土壤肥沃，多为红黄壤土，腐殖质丰富，具有得天独厚的生产茶叶的环境条件。

依据地理位置，云南分为滇西、滇南和滇东北三个茶区。滇红工夫茶生产于滇西和滇南两个自然区的景洪、普文和西双版纳等地。

滇红工夫茶条索紧结，肥硕壮实，色泽乌润，金毫显露，香气鲜郁高长，汤色清亮鲜艳，滋味浓厚鲜爽，富有刺激性。

5 ｜ 化佛茶

化佛山是滇中名山之一，从明万历五年（1577）开始建立白云窝寺，直至晚清的277年间，共建寺庙13座，极盛时寺僧高达数百人，为历史佛教圣地。

化佛茶是云南省新近创制的名茶。1982年在云南省名茶良种鉴定会上，荣膺"大叶种白毫型名茶"的称号。

化佛茶生产于云南牟定县的庆丰茶场。该茶场海拔1968米，毗邻著名的化佛山，山下有全县最大的庆丰水库，形成了依山傍水的优美环境，适宜茶树的生长。

化佛茶选用优质的双江勐库良种，采摘标准为一芽一叶开展至一芽二叶半开展。一般来说，炒制1千克干茶需要将近2万个芽头。制作时手工与机械相结合，分成六道工序。

化佛茶条索紧实，香气浓郁持久，热闻香气扑面，冷嗅幽香悠长，滋味鲜浓醇和，叶底清亮。品尝时，浓醇甘爽之味久存齿颊。

6 ｜ 苍山雪绿

大理向来有"文献名邦"之称，属中国的历史文化名城，也是闻名中外的风景名胜旅游区。其历史文化遗迹十分丰富，境内古城巍峨，古碑古塔及其他古遗址遍布周围。大理的景点主要有大理古城、苍山、洱海、蝴蝶泉、南诏德化碑和崇圣寺三塔等。

苍山雪绿是云南大叶良种名茶之一。于1964年创制，1980-1983年连续三次被列为省级名茶。1989年在国家农牧渔业部举办的名茶品评会上，获得"优质茶"的称号。

苍山雪绿生产于云南大理苍山山麓，洱海之滨，茶园围绕在洱海周围。此处气候独特，风云变幻，朝夕气温低，中午气温高，多云雾。冬季峰顶白雪皑皑，山麓春暖花开。夏秋云雾缭绕，空气湿润，非常利于茶树的生长。

苍山雪绿外形条索紧细匀齐，色泽墨绿油润，香气浓郁鲜爽，汤色黄绿清亮，滋味醇爽回甘，叶底黄绿匀嫩。

十三
贵州名茶

1 | 都匀毛尖

　　都匀市是贵州省黔南布依族苗族自治州的首府，为贵州的南大门，是贵州离海港最近的城市。都匀原名都云，因城东1千米处有个都云洞而得名。都匀的母亲河剑江，流经沅江汇入湖南洞庭湖，是古时直达湘楚的通道，加上西可达昆明，北可上贵阳，在1700年前就成为黔地的一个繁华的驿站。

都匀毛尖

　　都匀位处山区，动植物资源丰富。茶、香菇、木耳、当归和茯苓等均为当地名特产品。

　　都匀毛尖又名"鱼钩茶""细毛尖""白毛尖"，为黔南三大名茶之一。

　　据1925年《都匀县志稿》中记载："茶，四乡多产之，产水菁者尤佳，以有密林防护也。1915年，巴拿马赛会上曾得优奖。运销边粤各县，远近争购，惜产少耳。自清明至立秋并可采，谷雨前采者曰雨前，茶最佳，细者曰毛尖茶。"历史上，毛尖茶的制作工艺几经失传，1973年都匀茶场经过调查研究，试制成功新品毛尖茶，令这一古茶重放光彩。

都匀毛尖

　　都匀毛尖以主产区团山乡茶农村的哨脚、哨上、黄河、黑沟及钱家坡所产品质为最优。这里海拔千米，山谷起伏，峡谷溪涧，云雾笼罩，林木苍郁，气候温和，冬天无严寒，夏季无酷暑，特别是春夏之交，细雨濛濛，非常有利茶芽萌发。

　　都匀毛尖采用当地的良种苔茶，具有发芽早、茸毛多、芽叶肥壮及持嫩性强的特点，内含成分丰富。优良的芽梢，为毛尖茶品质的形成提供了物质基础。

都匀毛尖在清明前后开采，一般炒制500克高级毛尖茶大约需要5.3万～5.6万个芽头。

其外形条索紧结、纤细卷曲、披毫，色绿翠，香清高，味鲜浓，叶底嫩绿，匀整明亮。都匀毛尖的特色是"三绿透三黄"，干茶色泽绿中带黄，汤色绿中透黄，叶底绿中显黄。

2 | 遵义毛峰

遵义山川秀丽，风光独特，尤其以山、水、林、洞为主要特色。南端的乌江汹涌澎湃，翻卷直下，号称"天险"。北部的娄山关万峰插天，巍峨雄伟，"苍山如海，残阳如血"，构成了壮丽的娄山关景观。

遵义毛峰是20世纪70年代初期，由贵州省茶叶科学研究所创制的名茶，为贵州省名茶的后起之秀。

向来有"小江南"之称的湄潭县是遵义毛峰的产地。湄江河横穿其南北，溪水蜿蜒，纵横交错。山高、雨多、雾重，昼夜温差较大，土壤肥沃，质地疏松，富含有机质和无机养分。茶园四周花木繁多，古树荫翳。优越的生态环境有利于茶树的生长。

遵义毛峰采用从福建引进的良种茶树秦福鼎大白茶的嫩梢作为原料。该茶具有茸毛多和芽壮叶肥的特点，鲜叶茶多酚、氨基酸及其他浸出物含量丰富，为毛峰茶的色、香、味的形成提供了物质基础。

遵义毛峰条索紧细圆直，锋苗完整挺秀，身披白毫，色泽翠绿，清香持久，汤色碧绿清亮，滋味鲜醇，叶底嫩绿鲜活。

3 | 湄江翠片

湄潭建县至今已有近400年的历史。作为"湄水宝带"的湄江，自北向南贯通全境。湄江流转至县城主脉玉屏山以北，与湄水河二水颠倒流合，汇为深潭，弯环如眉，因而称为湄潭。

湄江翠片原名为"湄江茶"，因生产于湄江河畔而得名。于1943年创制，至今已有70多年的历史，为贵州省的扁形名茶。

湄江翠片产于贵州省湄江茶场，该茶场地处湄江河畔，气候温和，雨量丰沛，土壤肥沃，非常有利于茶树的生长。

湄江翠片

湄江翠片的炒制技术讲究，既继承了西湖龙井的炒制方法，又另有独特之处。主要有五道工序。

湄江翠片外形扁平光滑，形如葵花籽，隐毫稀现，色泽翠绿，香气清芬悦鼻，栗香浓郁并伴有清新花香，滋味醇厚爽口，回味甘甜，汤色黄绿明亮，叶底嫩绿匀整。

4 | 贵定云雾

贵定县位于贵州省中部，自然风光秀丽，历史陈迹悠久，民风古朴奇异，旅游资源丰富。有被誉为"黔中第一漂"的洛北河漂流，贵州旅游东线第一寨——定东苗寨，集旅游、避暑和垂钓为一身的云雾湖，西南四大佛教胜地之一的阳宝山，堆锦集秀的盘江镇音寨布依风情休闲观光旅游景区等。

贵定的云雾雪芽久负盛名，明清时是朝廷贡茶，茶叶专家称其为"茶中极品"。

贵定云雾又叫"贵定鱼钩茶"，当地苗族（哈巴苗）同胞称其为"不老几"。

贵定云雾历史悠久。根据清康熙《贵州通

贵定云雾

志》记载："贵阳军民府，茶产龙里东苗坡。"《续遵义府志》中记述："阳宝山在贵定县北十里，绝高耸。山顶产茶，出云雾中，谓之云雾茶。为贵州茶品之冠，岁以充贡。"在清代即成为贡品。

贵定云雾的主产地为贵定县云雾区仰望乡的十几个山寨。各寨峰峦起伏，海拔均超出1200米，终年云雾缭绕，气候特殊，夏无酷暑，冬无严寒，时而云雾蒙蒙，时而日光四射。年均气温15℃，年降雨量1107毫米，相对湿度约80%，土层深厚，多为砂砾质土壤，有机质含量为3%～6%，含氮量、速效磷、钾元素均较为丰富。当地农民道："井泉溪流灌阡陌，成茶品质最优越。"

贵定云雾形似鱼钩，卷曲美观，身披白毫，色泽嫩绿，香气馥郁，滋味醇厚，汤色嫩绿清澈，叶底匀嫩清亮。

十四
台湾名茶

冻顶乌龙

我国"宝岛"台湾省的风光，阿里山、日月潭堪称双绝。

阿里山位于台湾省中部，呈南北走向，跨越南投、嘉义、台南、高雄四县，其中，南投县鹿谷乡的冻顶山出产名茶"冻顶乌龙"。

阿里山主峰高达3200多米，生长着800~2000多年的红桧、红豆杉等世界珍稀树种。山上树木繁茂，鸟语花香，空气清新，是台湾省著名的森林游览区。日出时，登上观日坪，可以尽睹对面台湾省的最高峰——玉山。日落时，脚下是壮阔的云海，不断涌动，铺向天际。

日月潭位于台湾省的中央山脉西麓、南投县境内，海拔约1000米。这里本是邹族等山地原住民聚居区，1963年筑坝蓄水而成大湖。日月潭因其左半部形似太阳、右半部形似月亮而得名。

冻顶乌龙

日月潭青山环抱，碧波万顷，清凉幽静，是台湾省的著名的风景区。环湖建有一座座典雅的度假别墅、旅馆，散布着文武庙、玄光寺，湖心土地祠，原住民德化社等名胜古迹，其中玄光寺珍藏着唐代高僧玄奘大师的舍利子。

冻顶乌龙是台湾所产乌龙茶的一种。冻顶乌龙属轻度或中度发酵茶，主产于台湾省南投县鹿谷乡的冻顶山。

冻顶产茶历史悠久，据《台湾通史》称：台湾产茶，由来已久，旧志称

冻顶乌龙

水沙连（今南投县埔里、日月潭、水里、竹山等地）社茶，色如松罗，能避瘴祛暑。至今五城之茶，尚售市上，而以冻顶为佳，惟所出无多。又据传说，清咸丰五年（1855），南投鹿谷乡村民林凤池，往福建考试读书，还乡时带回武夷乌龙茶苗36株种于冻顶山等地，逐渐发展成当今的冻顶茶园。

冻顶山是凤凰山的支脉，居于海拔700米的高岗上，传说山上种茶，因雨多山高路滑，上山的茶农必须绷紧脚尖（冻脚尖）才能上山顶，故称此山为"冻顶"。冻顶山上栽种了"青心乌龙茶"等茶树良种，山高林密土质好，茶树生长茂盛。

冻顶乌龙是台湾包种茶的一种。所谓包种茶，其名源于福建安溪，当地茶店售茶均用两张方形毛边纸盛放，内外相衬，放入茶叶200克，包成长方形四方包，包外盖有茶行的名称，然后按包出售，称之为"包种"。台湾包种茶属轻度或中度发酵茶，亦称"清香乌龙茶"。包种茶按外形不同可分为两类，一类是条形包种茶，以文山包种茶为代表；另一类是半球形包种茶，以冻顶乌龙为代表，素有"北文山、南冻顶"之美誉。

冻顶乌龙的采制工艺十分讲究，采摘青心乌龙等良种芽叶，经晒青、凉青、浪青、炒青、揉捻、初烘、多次反复的团揉（包揉）、复烘、再焙火而制成。

冻顶乌龙的外形卷曲呈半球形，色泽墨绿油润，汤色黄绿明亮，香气高，有花香，略带焦糖香，滋味甘醇浓厚，耐冲泡。

第五章
中国茶道

中国茶道的"七义一心"

《周易大传·文言》载："终日乾乾，与时偕行。"其意思非常明了：人们自强不息，就像跟随时间不停向前发展一样。它表明了世界永恒变动的本质，如果人们没有自强不息，也就无法与永恒变化的客观世界同步。当代史学大师顾颉刚创立了"层累地造成的中国古史"的观点，是以进化的观点来考察上古神话传说的重要研究成果。我们从中获得的启发是：历史的发展规律是如此，茶文化传统的形成也是如此。

中国以农业立国，但农业生产活动的范围较小，而乡土意识浓重，长期的积累，也就"层累地造成"安于平稳、希求和谐的心理态势。另受儒家观念体系的长期影响，定会造成这种追求和谐平稳的心理结构的进一步形成。所谓的"茶道"，也就应运而生。茶道的核心是什么？是"和"。茶道的义理是什么？主要有七点即茶艺、茶德、茶礼、茶理、茶情、茶学说和茶导引，七者均不可或缺。此即中国茶道所谓的"七义一心"。只要对历代饮茶法的沿革稍作梳理，便能明晰中国茶文化传统的形成，处处均体现了"与时偕行"的动态特点。经过了萌芽和发展的阶段，中国茶道的"七义一心"定形于盛唐。

1 | 何为"七义"

唐代饮茶，义理精而事象盛。陆羽《茶经》总其大成，故而在此把《茶经》的饮茶法概括为"茶经法"。所谓茶经法，也叫煎茶法，赵璘《因话录·商部下》中记载，陆羽"性嗜茶，始创煎茶法"。此处就茶经法的详细内容，分为七大项作如下介绍。

（1）茶艺

① 炙茶：烘烤茶饼，使其干燥。

② 碾末：把茶饼碾成碎末。

③ 取火：此工序专讲烹煮茶叶时对燃料的选择。木炭最佳，其次为硬柴。不能用含油脂的柴，不能用废弃的腐朽木器，不能用烧过的或者带有油腥味的木炭。

④ 选水：煮茶所用之水，属山水最优，特别是水流不急的石池水和从石钟乳上滴下的水；其次为江河之

"茶具十二先生"之韦鸿胪（炙茶用的烘茶炉）

水，取水要到远离居民区的地方；井水最差，倘若必用井水不可，则要从经常有人汲水的井中汲取。

⑤ 煮茶：分两道工序——

第一道：烧水。烧水有"三沸"之分。水中出现像"鱼目"般的小气泡，且有微微的响声，此为第一沸。水边有气泡并如涌泉连珠般向上冲时，此为第二沸。水如翻腾的波浪，此为第三沸。三沸往上，水也就老了，不宜饮用。

第二道：煮茶。一沸时，立即放入适量的盐进行调味。二沸时，从中盛出一瓢水，后用竹夹转圈搅动沸水，使其出现漩涡，接着用"则"量茶末由漩涡中心投下。不一会儿，水大开，如波涛翻滚，水沫四

茶汤

溅，则将刚才舀出的那瓢水重新倒回止沸，用来保养水面孕育出来的"华"，即沫饽，也就是茶上的浮沫。

⑥ 酌茶：即把茶舀进碗中。这个过程颇有讲究：第一次煮沸的水，要去除浮于水面的一层似黑色云母状的膜状物，因为它的味道不好。第一次舀出的茶汤，其味至美，称为"隽永"。一般将其存于"熟盂"里，用以抑制沸腾和孕育精华（即沫饽）。之后舀出的第一、第二和第三碗茶汤，味道都不如"隽永"。第四、第五碗之后，若非口渴难耐，便不值得喝了。酌茶时，每碗的沫饽要均匀，这样才能使每碗的茶味相同。煮水一升，可分酌五碗，趁热喝完。倘若茶一冷，浮于茶汤表层的精华便会随热气的蒸发而消失。

一"则"茶末，仅煮水三碗，才能令茶汤鲜美馨香。其次是五碗，至多也不能超出五碗。倘若茶客为五人，便煮三碗传饮。所谓传饮，即每碗茶都轮流着喝完，而不是将三碗均匀分成五碗让各人自喝；若为七人，便煮五碗传饮；若为六人，则按照五人舀三碗的标准来处理，所缺一人，便以原先留存的"隽永"来补充。

不赞成在煮茶时添加枣、葱、姜、茱萸、橘皮和薄荷等配料，因为，这样会遮盖住茶的原味。

总而言之，炙饼、碾末、取火、取水、煮茶和酌茶这六道主要工序，就是构成茶艺的核心内容。

另外，为了适应品茶艺术实践的需要，时人通常会讲究茶具的艺术美。《茶经》中详细阐述了茶叶加工、煮水、煎茶和饮茶的用具二十四种，既精良，又完备，还大大增加了饮茶者的感官享受。陆羽还建议用四或六幅白绢，将《茶经》的全部内容写出，挂于茶座旁边；不但可供欣赏，且便于诵记，实属别出心裁的"茶艺"。

(2)茶德

茶经法强调，饮茶关键在于"品"字，它是一种精神享受，更是自我人格完善的一个过程。

品茶，最适宜品行端正和崇尚节俭的人。《茶经》引用了《晋中兴书》中的一个很有趣的

"茶具十二先生"之木待制（捣茶用的茶臼）

故事：卫将军谢安前往拜访吴兴太守陆纳，陆纳只摆出茶与果品待客。陆纳的侄儿陆椒唯恐怠慢了贵客，就把暗中早已准备好的丰盛菜肴都搬上桌来。待谢安走后，陆纳毫不留情地罚了侄儿四十大板，并责怪他说："你既不能为叔父增光添彩，为什么要破坏我廉洁朴素的名声？"在陆纳的心中，以茶果招待宾客，最能彰显品行端正与清廉节俭之美德。陆椒自作聪明的举动，着实煞风景，活该挨打！

至于茶具的选用，也要注重节俭与实用。比如鍑，即外形像釜的大口锅，最好是由生铁制成，外表尽管不太精致，但却坚实耐用。如果用银制的，纵然整洁美观，却也太过奢侈。

如此种种，均说明茶经法强调饮茶是一种对精神的洗涤。

(3) 茶礼

《茶经》中引用张君举的《食檄》说，宾客来到，相见寒暄之后，随即请他饮用浮有白沫的三杯好茶，此为待人接物的基本礼貌。又引述《桐君录》说，广州和交州最注重饮茶，宾客一到，必先用茶接待。

一"则"茶末，仅煮三碗，最多不能超出五碗。对碗数的限制，既突显了"品"的精神享受性质，又体现了以好茶待客的起码礼貌。

"茶具十二先生"之金法曹（碾茶用的茶碾）

（4）茶理——茶情

中国文化的产生与发展的过程中，存在着一个重要的共通的心理基础，这就是对和谐的追求。此种注重和谐的心态，体现在多个方面，其中之一便是人与自然的关系：天人合一。人们在社会实践中，不断地化"自在之物"为"为我之物"，从而使自然人化，并不断地让人化的自然服务于人，发展了体现人本质力量的人性，从而大大加强了人对自然的道德责任感。这种天人之间的共感交互作用，无疑促使人得到越来越多的自由，并且使社会达到和谐与净化的效果。这可能算是"天人合一"论的最为重要的社会作用，呈现出了鲜明的人伦精神。

透视茶经法的精神内蕴，它强调的是人格的自我完善。为完成这项崇高的目标，其重要方法就是不断化"自在之物"（如茶叶和水等）为"为我之物"（指茶事等）。"为我之物"通过反馈，不但加强了社会氛围的协调，而且不断唤醒人们内在对自然的道德责任心。茶经法的茶理，不外就是这些，这与中华文化的总体心理基础惊人地一致。

接着，来看看茶具中的"理"吧。据《茶经·四之器》中记载，古鼎形风炉有三足，一足写着"坎上巽下离于中"，一足写着"体均五行去百疾"。"坎""巽"和"离"是《易经》八卦中的三卦。所谓八卦，即八种符号，每种符号意指一种"自在之物"，可以说，这八种自然物质即万物之源。坎代表水，离代表火。

人类生存离不开水与火，饮茶亦是如此。鼎形风炉就是生火煮水的重要工具，而煮水时也的确是水在上，火在下。此种人尽皆知的事象，以古文字的形式郑重地铸于鼎足之上，应该说带有"咒语"之意，说明茶事活动完全符合《易经》观象取物而创造文化之"理"。八卦相重，即生出六十四卦。其中坎卦与离卦相结合，即形成既济卦。"既"，有已的意思，而"济"，本义为渡水，此处引申为成功。既济卦为坎上离下，即水在上，火在下。水火原是不相容，是相克的。如何让不相容的对立面趋于和谐，而使相克变为相生？这就要依靠调剂物。此调剂物不是别的，正是放置于水火中间的锅。明代来知德《易经集注》在提及既济卦时指出："水火相交，各得其用。"说的就是水火调和，变相克为相生的事实。此外，促成其调和的中介物质还有风，而巽卦即代表风。风主齐，"波动散发，可以济事"。以锅实现水火相交，鼓风以助燃烧，这是人类治理水火的重大突破。

鼎形风炉上还设有支撑锅子用的垛，这中

"茶具十二先生"之石转运（磨茶用的茶磨）

间分三格，一格画坎卦，一格画离卦，一格画巽卦。《茶经》说，巽主风，离主火，坎主水，风能兴火，火能熟水。所以须有此三卦。此种说法，进一步显示出易理用来指导茶事的深层意义，集中反映了"天人合一"的思想对茶事渗透的广度和深度。

古鼎形风炉的又一足写着"体均五行去百疾"。所谓五行，指的是金、木、水、火、土这五种物质。这五种物质，于五行学说中已升华为五种符号，代表着五种物质属性，从而构成五行结构观念。五行学说就是由五行结构观念构建而成的有关自然万物相互转化的理论体系。五行学说运用于医学，便形成了中医独特的理论体系。这个体系，毫无疑问大大有助于认识和促进人体与大自然特别是生活环境的协调统一。"体均五行去百疾"就是基于此种理念提出的。意思是，五脏调和，五行资生，去除百疾。

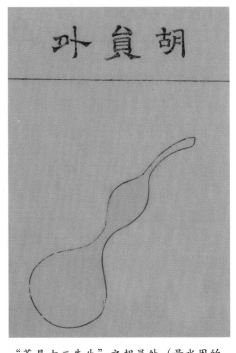

"茶具十二先生"之胡员外（量水用的水杓）

阴阳学说讲的是对立统一，而五行学说讲的是相生相克。因为天与人的运作，均体现了阴阳五行的变幻规律，两大系统结合，相辅相成，深化了人们对人体与自然的关系的认知。很明显，在风炉两足铸上两句话"坎上巽下离于中"和"体均五行去百疾"，并非偶然。陆羽巧妙地利用阴阳五行学说，体现以类相感，使天与人在阴阳五行的框架里合而为一，突显了饮茶去疾健身、完善人格、净化社会、师法自然的功能作用。鉴于此，"天人合一"的美学功能和哲学功能便也得以实现。

古鼎形风炉壁厚三分，炉下有三只脚，三脚下开有三个通风口，支起锅子的垛间分三格并画三卦。灰承有三只脚，炉口边缘宽9（3×3）分，炉足铸籀文21（3×7）字。至此我们应注意到"三"字。设计处处用"三"或者三的倍数，是受易卦以三数重迭为形影响的结果。《史记·律书》中说："数始于一，终于十，成于三"。为何称"三"为"成"？我们不妨先举个例子。求签问卜常常是"三占从二"，乒乓比赛也取"三局二胜制"。这样的"三"，颇有奥妙

"茶具十二先生"之罗枢密（筛茶用的茶罗）

之处，当两数对峙时，加上一，就可以形成多数
以示胜负。这个"一"的地位之所以重要，关键
不在它所处的序列位置，而在于它的参与使对立
得到调和。也就是说，这个"三"可以为对立双
方带来中和的力量。《易》"说卦"以天、地和
人为三才。天地是对立的，经过人的中间作用，
天地就调和了，统一了。由此可见，《茶经》设
计茶具，处处不忘"三"，同样是为了体现"天
人合一"的哲学理念。

　　事实的确如上所述，茶经法列出了众多茶饮
的条条框框。不过不必担心，戒律是相对的，灵
活性依旧存在。《茶经·九之略》中的论述，足
以释人重负。制茶的灵活性暂且不谈，单就煮茶
就极具灵活性。倘若是出外郊游，松间有石能坐
就可略去陈设床或架等用具，以干柴和鼎锅之类
烧水，也就可以省去风炉、火夹和炭挝等器具。

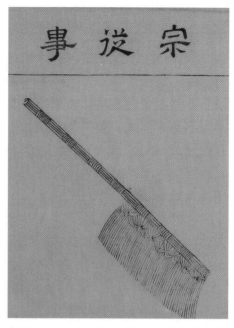

"茶具十二先生"之宗从事（清茶用的茶帚）

如果是在溪边或有泉的地方休息，取水方便，就能去除水方、涤方和漉水囊等用具。倘
若是五人以下出游，茶又能够碾得精细，就不需用罗筛。如若登上险岩，或需攀藤附
葛，或需抓住粗大的绳索进入山洞，就要先在山口处将茶烤干捣碎，以纸或盒包装起
来，那就不须碾或拂末等。

　　饮茶工序的伸缩性，体现出精神享受的随意性。这是中国传统文化中不可忽略的一
种心路趋向，是受老庄思想长期影响的反映。陆羽本人的气质，充分体现为向往个性自
由和厌恶死板戒律的特质。《新唐书·隐逸列传·陆羽》中讲到他和朋友饮酒聚会时，
什么时候想离开就离开，全然不顾任何礼节。这样的表现让我们有理由认为，其实陆羽
身上存在着较多的"自恣以适己"的道家风格。认识到这一点很重要，因为陆羽已经把
这种精神带进了茶事活动，形成了既有比较稳定的格式而又灵活随和的茶经法，并且一
直对后世的茶事活动产生着影响。有学者认为：中国的哲学是"唯情"的哲学，而哲学
的最高境界是"物我相忘，人我相安"。如果用这段话来概括"茶理"的基本精神，是
再恰当不过的了。与其说是"茶理"，不如说是"茶情"。释皎然《饮茶歌诮崔石使
君》中有"一饮涤昏寐，情来朗爽满天地"句，李郢《茶山贡焙歌》中有"使君爱客情
无已"句，理中含情，情中见理，情理相融，天人合一。茶饮的精义也确实是"玄之又
玄，众妙之门"。

(5)茶学说

　　陆羽的《茶经》，包括茶茗起源、名茶产地、茶德茶品、茶俗茶政、制茶工具与方
法、煮茶器皿和大则等项内容，并且广泛搜集了相关的茶事史料。以此来宣传自己的观

点，阐明切身的感受，形成了具有独到见解而又系统专业的茶事理论。这就是中华土地上也是全世界首次出现的茶学说，于后世影响颇大。宋·陈师道在为《茶经》作序时即郑重指出："夫茶之著书，自羽始。其用于世，亦自羽始。羽诚有功于茶者也。"梅尧臣则欣然赋诗道："自从陆羽生人间，人间相学事新茶。"

(6)茶导引

茶经法中所体现的"中国茶道"对人性熏陶的渠道中有一条"茶导引"，即"茶气功"，它是由气的发射来实现的。

众所皆知，从气功学的角度来看，气是一种物质、一种存在或一种能量。有了气，"气场"自然产生。《庄子·知北游》提到："人之生，气之聚也；聚则为生，散则为死"和"通天下一气耳"。王夫之《张子正蒙注·太

"茶具十二先生"之漆雕秘阁（盛茶末用的盏托）

和》也说："凡虚空皆气也。聚则显，显则人谓之有；散则隐，隐则人谓之无。"庄子和王夫之的论述很显然是在肯定世界是物质性的。此处的"气"，并非一个伦理化的概念。"气"存于自然，也存于人和物之中。就一般来说，自然之气构成"大场"，人和物之气构成"小场"。气场无论大小都体现为不同属性的感应关系和能量的复杂运作过程。经常练功的人，"气"便因人静而"聚"而"显"。不练功的人，并非没有"气"，只是较难自觉到本身"气"的存在罢了，自然也就更谈不上以意导气来实现"场"的功能。这也就是"散则隐，隐则谓之无"的道理。《涅槃经》说："一切众生皆有初地味禅"，也就是此意。

人人都存在"气"，这是作为人类所固有的。"气"的存在，导致意识的产生。所以，每个人都有意识，而意识的产生，又加强了"气"的发散。它是一种相辅相成的关系。有意识便有心理活动，因而说成是"心理场"也

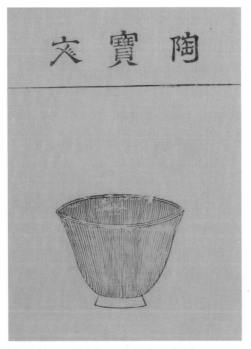

"茶具十二先生"之陶宝文（茶盏）

并无不可。一个群体倘若"心有灵犀一点通",便等于是发出了"波段"一致、"频率"相同的信息,经过共振共化,终于形成了更加强大的气场而使其作用力倍增。包括人体自身内外部位在内的世间万事万物的感应关系,全都是通过不同层次、不同属性的气的作用而生成的。这是普遍存在的一种同构感应现象。

唐代饮茶的六个主要程序,构成了较为固定的秩序模式。置身这种秩序中,主人也好,宾客也好,其意识时刻关注着用茶"事态"的变化。而意识的注意,相当于实现了不同程度的入静。这时,群体身心便会自觉不自觉地共同进入由品茶意识主宰着的氛围中。每个人的内心活动也就通过"心理场"传递出来。所谓的心理互动也就这样实现了。换言之,茶座中诸君彼此释放能量,感应融合,且形成同样的思维态势:祥和保生。气功疏导疗法的实践已经证明,施术结束后,受术者自身仍能凭借已被调动起来的气之"后劲"不断进行自我调节。以此类推,即便品茶活动已结束,已经形成的气场也会不断对任何个体发挥其"后劲"作用。这便是由心理互动实现社会互动的功能的实证。现实生活中,个体的主观意识外化,能够使社会行为规范得以兑现。茶座中的主客,其饮茶欲望的潜意识在排除干扰的入静状态时,必定会转化成愉悦的"心理场"。相互沟通,彼此诱导,这就是同构感应。因此,人的素质得到良性地熏陶,社会风气也渐次纯化,"茶导引"的微妙功能由此显现。群体活动的社会效益如此,个体活动的社会效益也不会差。要知道,即便是独自品茶,在不同程度的入静状态,人体的"心理场"的灵敏度自然有所提高,可与"物场"(包括茶、茶具和环境等)交感而促使人体自身一次次地更新换代。因此袁枚在提及品饮工夫茶深有体会地说,"一杯之后,再试一二杯,令人释躁平矜,怡情悦性。"

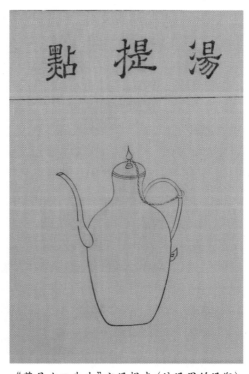

在饮茶群体中,当然也有人专门为解渴而来,根本不理会什么品与不品。但是只要他专注于解渴,就同样意味着某种程度的入静,气场便也随即产生,更何况周遭尚有强大的气场。因此,一入茶座,人们为何表现出诸多礼貌,原来道理在此。

还有更玄的东西,专心读书也可引导入静。"专注"能够把书中的字句变成入静的"口诀"。以此类推,只要高度集中精神于本职工作,便能出现不同程度的气功状态。倘若能"用志不分,乃凝于神",像驼背丈人用竹竿黏蝉(《庄子·达生》)、木工阿庆制作悬挂钟磬的架子(《庄子·达生》)或者像庖丁

"茶具十二先生"之汤提点(注汤用的汤瓶)

替文惠君宰牛（《庄子·养生主》）那样，则已属于全然进入气功状态了。其体内的潜能会得到充分的发挥，到达神乎其技的境界。这就是"场"的效应。

"茶导引"的现象，说明了气场的存在，并且可促使实现社会互动。故而可知，形态各异的复杂事物的整体运动规律是何等地相似。

2 │ "一心"指什么

经过对茶经法的梳理，可以发现，中国茶饮发展到唐朝的陆羽时代，茶道便已形成，并且已经非常成熟。

何为"中国茶道"？毫无疑问的答案是，中国茶道蕴含着七种主要义理，即所谓的"七义"——茶艺、茶德、茶礼、茶理、茶情、茶学说和茶导引，七者不可或缺其一。那么，中国茶道精神的核心，即所谓的"一心"又是什么？其实只用一个字便可说明，这个字就是"和"。

"和"即中和，这个哲学和美学范畴，原本滋生于中国古代农耕文化的土壤，是先民们希求与天地相融以实现生存和幸福的目标的朴素文化意识。有了"和"，彼此对立的事象便能在相成相济的关系中化成和谐的整体。《易·乾》中有"保合大和"的记述，是为明证。《易》用阴阳对立统一之中和的特殊形式，构建起"天人合一"的哲学体系，这便是儒家的世界观正式形成的标志。"保合大和"的意思是阴阳会合，保全大和元气，普利万物，此为天之正道。首先，天能"保合大和"，接着，便是天地相和与天人相和。换言之，"和"意味着天和、地和与人和。由此可见，"和"具有多重结构，它意味着宇宙中万事万物的有机统一与协调，并且由此产生"天人合一"实现之后的和谐之美。所以，《左传》有"心平德和"的说法。"和"的内涵是丰富的。此处并无

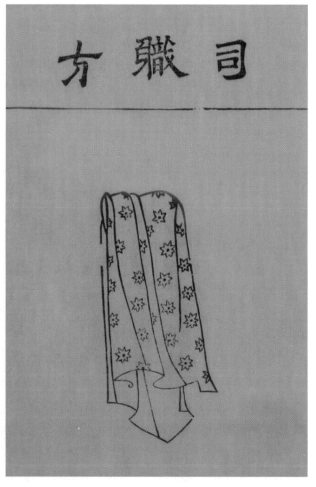

"茶具十二先生"之司职方（清洁茶具用的茶巾）

将其作无限延展的打算，但也希望不要把它简单化了。作为中国文化意识集中体现的"和"，主要包括和静、和俭、和美、和敬、和清、和寂、和廉、和爱、和气、和谐、中和、宽和、和顺、和勉、和合（和睦同心，调和、顺利）、和光（才华内蕴、不露锋芒）、和衷（取《尚书》恭敬、和善的本义）、和平、和易、和乐（和睦安乐、协和乐音）、和缓、和谨、和煦、和霁、和售（公平买卖）、和羹（水火相反而成羹，可否相成而为和）、和戎（古代谓汉族与少数民族结盟友好）、交和（两军相对）、和胜（病愈）、和成（饮食适中）等意义。

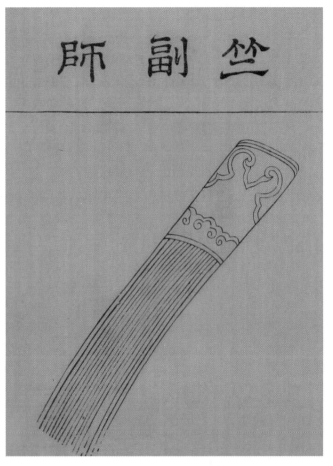

"茶具十二先生"之竺副师（调沸茶汤用的茶筅）

我们务必要注意，"和"的思想并非儒家的专利。佛家提醒人们要修习"中道妙理"。《杂阿含经·卷九》引佛佗说："汝当平等修习摄受，莫着，莫放逸。"这便是"和"。

《老子·四十二章》讲到"冲气以为和"。《庄子·山木》也讲："以和为量"。这些都是对"和"的思想的不同表述。儒、释、道三家均提出了"和"的理想，那是不是说三者之间就没有差别了？自然不是。儒家注重礼义引控之和。《论语·学而》说："礼之用，和为贵。……不以礼节之，亦不可行也"。孔子主张要实现"和"，特别是体现中庸哲学的中和，必须由礼义加以引控。而道家提倡自然纯任之和，反对人为的规范。《庄子·大宗师》说："天无私覆，地无私载，天地岂私贫我哉？"便是极妙的诠释。佛家推崇的则是超越现世的主客体皆空的宗教式的"和"。儒家之和，体现中和之美；道家之和，体现无形式、无常规的自然美；佛家之和，体现规范之美。

在说明了"和"的深层意蕴之后，我们可以这么说：一个"和"字，不但包括了所谓"清""静""寂""敬""廉""俭""乐"和"美"的意义，而且涉及天时、地利与人和的诸层面。在全部的汉字中，再也找不到一个比"和"字更能涵盖中国茶文化精神与突出"中国茶道"核心的字眼了。

纵观茶道七义与茶事的发展历程，无不体现着天人合一之和："茶德""茶艺"和"茶礼"，突显了人在与自然物的融合中修情养性，以便能更好地契合天道。"茶理"和"茶情"注重对立事物的兼容相济，从而形成和乐境界。"茶导引"则更加直接地催发了天人相通的道义追求。"茶学说"宏扬茶道。

中国茶道兼容儒、释、道三家的思想，突显道家"自恣以适己"的随意性，迎合了一般中国民众强烈的实用心理。这也正是有别于日本茶道的一个根本标志。

综上所述，我们可以为"中国茶道"下个定义：中国茶道包含茶艺、茶德、茶礼、茶理、茶情、茶学说和茶导引七种义理，其精神核心是"和"。它是通过茶事活动引导个体在本能和理性的享受中，走向修养品德以实现全人类的和谐安乐之道。

二
中国茶道的真善美

1 | 生命之美的延伸

《周易·系辞》从卦象的变化中提炼出"立象以尽意"的思想，强调"规范"之美。人体本就是规范之美的典型：其结构之稳定，使观者一眼便可辨清人与动物。人体规范之美即生命美，它是天生的，契合了天道自然。人体的这种"存在"，影响着人的生存意识，"道"便是众多生存意识的综合体现。所以，世"道"都力求最大限度地调节和利用自然力来服务于生命之美。成熟于唐代的中国茶道，究其实质，就是生命之美的一种延伸。中国茶道的义理有七，即茶艺、茶德、茶理、茶情、茶礼、茶学说和茶导引。中国茶道的核心是"和"，也可概括为"中国茶道之七义一心"。此"七义一心"便是中国茶道的规范之美，"立七义一心以尽道"。天道动，茶道也动。人类对和谐美好生活的追求永不停息，因而，

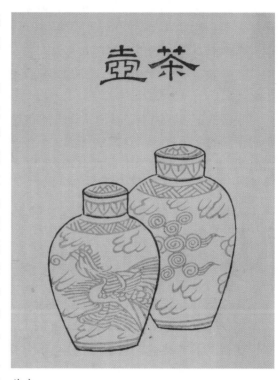

茶壶

个体内在心灵复归自然之求善愿望也永无止境。"立象以尽意"的延伸一定是"忘象以尽意"。那么，"立七义一心以尽道"，终归应为"忘七义一心以尽道"，这才算是中国茶道的"和"的最高境界。那时，茶道美与生命美合为一体，茶道规范成为行为规范，达到"百姓日用而不知"（《周易·系辞》）的境界。所谓"不知"，意思是茶道的实践处处契合自然，没有勉强，恰似先天本能的流露。这种"天道自然"与"行为自然"的贯通一致，才是最高境界的"天人合一"，即最高境界的"和"，它是由国势鼎盛的活力孕育出来的具备中国早期恢宏气概之"和"。这才是中国茶道的真善美。

2 | 茶道即人道

唐朝的统一强盛，形成了兼容并蓄的文化胸襟、气度恢宏的文化心态和开明宽松的文化氛围。中国人树立起对自身的信心，认定了生命的价值，并由此而不断催生出文化创造的激情，为生活得更加和谐美好而尽心尽力。就是在这样的特定时代背景中，以追求生活的和谐美好为目标的中国茶道应运而生。

《封氏闻见记·卷六》中记载，南人好茶饮。开元年间，北人也饮茶成风，流行"多开店铺，煎茶卖之。不问道俗，投钱取饮"。南方为主要的产茶区，为适应消费之需，茶叶产量已十分可观。北方之茶，"其茶自江淮而来，舟车相继，所在山积，色额甚多"。在饮茶成风的时势熏陶下，陆羽综其茶事，"为茶论，说茶之功效并煎茶、炙茶之法，造茶具二十四事，以都统笼贮之。远近倾慕，好事者家藏一副"。接着，时人常伯熊对陆羽的论著加以阐发和补充，使陆著传播甚广，"于是茶道大行"。诗僧皎然《饮茶歌诮崔石使君》诗也发出了相同的感慨，"孰知茶道全尔真，唯有丹丘得如此"。

封氏的记述，说明了茶道之大行拥有着文化生长的生态环境，其中的重要一项便是开明宽容的文化政策。茶道的形成，体现出民性善根与民间智慧得到了尽情发挥的时代气魄。随着茶文化的多元扩展和深化，中国茶道的哲学思想基础便明朗起来：茶道即人道。

3 | 天人合一

中国茶道的美学思想基础是"天人合一"。

大自然变化规律的存在已无需多说。中国茶道便是大自然人化的载体。我们可以这么说，倘若没有茶道艺术形式的规范化与程式化，就决不会有茶道之美。

陆羽的《茶经》通过对所叙述的茶事进行归纳、取舍、提炼和美化，为我们展示出了直观的既具概括性又兼有抽象性的煎茶艺术，它有六个主要程序：炙茶、碾末、取火、选水、煮茶和酌茶。其中任何一个程序，都可以体现出合理调节和利用自然力来为更好的生存服务的主题。简而言之，茶叶、柴炭和山水均为自然之物，"煮茶"中的烧水和煮茶工序以及"酌茶"中讲究入微的法则，均属"利用安身"。也就

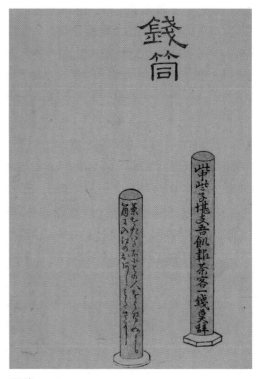

钱筒

是从生存需要的满足方面来体现人与自然的统一。由此可知，基于天人合一的理念，中国茶道美学总归要从人与自然的统一之中去寻找美，中国茶道美学思想的基础就是人道。

中国茶道美学思想也具体体现为"美善统一"。在《茶经》的记述中，我们看到人们品茶时，非常注重美与感官愉悦和情意满足的重要联系，并且充分肯定了此种关系的合理性。同时，陆羽更加强调这种联系须符合伦理道德中的"善"。

《茶经·七之事》引《广陵耆老传》言：晋元帝时，有老妇每天早晨提着一器皿茶，到市上去卖。买的人争着要，自早到晚，从未间断。令人惊怪的是那器皿中的茶却不会减少。老妇将"所得钱散路旁孤贫乞人"。老妇卖茶，所为何事？为"善"也。她把卖茶赚的钱，悉数施舍给流落街头的孤儿、穷人和乞丐。由这个故事我们可知，"茶"与"善""茶道美"与"善举美"于本质上是统一的。陆羽的《茶经》，陆羽的为人处世，无不时时致力于实现此种统一。《全唐文》收《陆文学自传》云：陆羽"见人为善，若己有

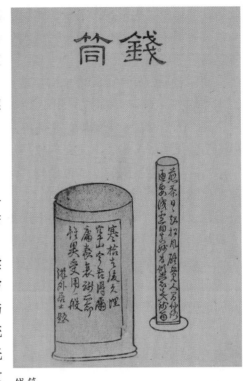

钱筒

之；见人不善，若己羞之。苦言逆耳，无所回避，由是俗人多忌之"。好一个"见人不善，若己羞之"，以致无暇顾念规劝的言辞是否逆耳，毫不回避。这足以证明陆羽其尚"善"之切。

中国茶道美学思想不但强调"美善统一"，也突出"情理一体"。

《论中国茶道的义理与核心》一文曾谈到：中国茶道的精神内蕴强调人格的自我完善。为实现这个伟大目标，其重要方法便是不断化"自在之物"（指茶叶和水等）为"为我之物"（指茶事等），"为我之物"通过反馈的影响，不但加强了社会的和谐氛围，而且不停地唤醒人们内在对自然的一种道德责任心。这便是中国茶道的"理"，和中国文化的总体心理基础惊人地一致。

《茶经·四之器》记载着在古鼎形风炉足上，用古文字写着"坎上巽下离于中"和"体均五行去百疾"的字样。很明显其意在利用书法艺术来诱发和加浓茶饮之"情"。而隐含于"情"中的就是"理"字，"坎上巽下离于中"，以八卦的坎、巽和离三卦相互作用的关系，来体现茶事活动的过程全然符合《周易》观象取物来创造文化之"理"，也就是"立象以尽意"之"理"。

"体均五行去百疾"，则是以五行学说，来阐述茶事过程实质就是促进人体与自然，特别是与生活环境的协调统一，以达成五脏调和、五行资生与去除百疾的目的。简言之，就是为了"生"。但是，"生"的价值是取决于情感需要和情感态度的。陆羽在此巧妙地运用了阴阳五行学说，体现了以类相感，使天与人在阴阳五行的框架内合而为一，突显了茶饮的去疾健身、完善人格、师法自然和净化社会的功能，实现了"情理一体"的美学功能。

有学者谈到：中国的传统哲学是"唯情"哲学，而哲学的最高境界是"天人合一"的本体境界。天与人相融，即蕴含着"人化"的自然和自然的"人化"两个层面的意思，其中的哲学精神无论如何都离不开人，然而，这种哲学精神的情感意义不是显而易见的吗？《孟子·告子下》云："乃若其情，则可以为善矣。"这是从另一个角度阐释了"情"与"理"的统一，也是与"善"的统一。由此可见，此"情"实乃自我超越的理性化的情；而此"理"正是出于主体自身感情化的理，以情顺理，以理化情，顺情使善，以达于"真"，这就是中国茶道的美学思想体现出的"情理一体"美。借重于"美"，"理"也就渗入个体心灵的深层。

《周易·乾·文言》云："乾始能以美利利天下，不言所利。"意思是乾天创造万物，使万物成为美的且具备美的效益，并用来造福天下。《周易》所言，"美"和"利"并提，说明美与功利的一致性。《易经集注·卷之一》对此解释道："以美利利天下者，元能始物，能使庶物生成，无物不嘉美，亦无物不利赖也。"《周易正义·卷一》中阐述得更加透彻："能以美利利天下，解利也；谓能以生长美善之道利益天下也。"《周易》的美学思想以及后贤对《周易》思想的诠释，无不表露了共通的观点：美，与生命原本密不可分。如上所述，中国茶道将审美境界作为人生的最高境界，显示了《周易》"立象以尽意"的规范之美，它是生命之美的一种延展，它将"和"作为审美理想。它的最终目的是达成"以美利天下"，特别是达成"利用安身，以崇德也"。利

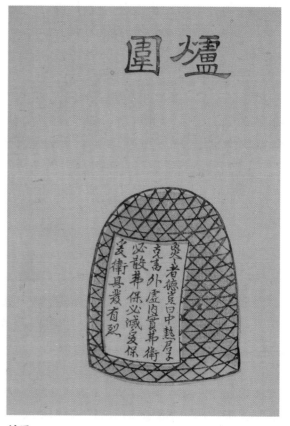

炉围

于施用，安处其身，是为了增崇美德。这茶道不就是人道吗？

4 | 中国茶道的俭德思想

中国茶道将"精行俭德"作为道德观念的依归，最能突显人类个体的精神特征。

《茶经》有言"茶性俭"（《五之煮》），所以作为饮料，"最宜精行俭德之人"（《一之源》）。因此，即使是小到茶具的使用，也应符合节俭的美德。比如，"茶釜"以生铁做成则耐久且实用，倘若"用银为之，至洁，但涉于侈丽"（《四之器》）。

《茶经·七之事》中推崇的古代茶事的实例，也常与节俭美德有关：晏婴身居相位，三餐唯粗茶淡饭；扬州太守桓温性俭，每宴饮只设七个盘子的茶食；南齐世祖武皇帝，临终前曾立下"我灵床上慎勿以牲为祭，但设饼果、茶饮、干饭、酒脯而已"的遗诏。

陆羽之所以不断强调茶道的德与俭，实与其自身的情性息息相关。唐代赵璘《因话录·卷三》记载陆羽作诗寄情："不羡黄金罍，不羡白玉杯。不羡朝入省，不羡暮入台。千羡万羡西江水，曾向竟陵城下来。"陆羽撰《游慧山寺记》云：夫德行者，源也；……苟无其源，流将安发？"陆羽个性之高洁，源也；是以下笔说德，非其流而何？

中国茶道所认定的"德博而化"（《周易·乾·文言》），正是人道思想的精髓。

5 | 中国茶道的修养方法

中国茶道的修养方法是"立于礼"（《论语·泰伯》）。整部《茶经》，几乎无处不在地突出茶艺礼仪对个体道德修养的功用。而饮茶个体接受某种伦理道德原则，并不是受法律的强制，而是通过个体"情"的感染而推广到行动的。换言之，茶礼已经成为人类所追求的推进某些行动的内在动力。在此，我们须弄清一个关键问题，那就是茶道的"礼"是依托什么原则形成的？《礼记·坊记》云："礼者，因人之情而为之节文。"礼，即顺乎人情制定的节制的标准！借用《礼记》中的这句话来阐明茶道立礼的凭借，实属恰当。茶道顺应"人情"而立礼，个体凭借天生具有的"人情"产生共振效应而立于礼，"情"与"礼"的这种互动，时义远矣。

《茶经·七之事》引张君举《食檄》说：相见寒暄之后，先请饮用浮有白沫的三杯好茶。又引《桐君录》说：广州和交州很注重饮茶，客人来到，先用茶接待。举凡做客，莫不悦于受人敬重而厌于遭人白眼。所以，见面之初，主人敬茶表礼，客人受茶致意，这也正是顺应了"人情"之需。

在茶饮的"礼尚往来"中，声、色和味一直起着中介作用，不停刺激人的感官，从而达到陶冶情性的目的。

茶饮工序的操作过程，必会产生似有似无、若隐若现的声响，从而形成节拍，强化了日常生活中的自然律动感，显得协调、和谐。《茶经·五之煮》说到煮水，"其沸如鱼目，微有声"。这些都是"声"的刺激。

《茶经·五之煮》对盛到碗里的茶汤的描述，可谓入木三分：茶汤颜色浅黄。茶汤的"沫饽"为茶汤的"华"。"华"中细轻的叫"花"，"如枣花漂漂然于环池之上，又如回潭曲渚青萍之始生，又如晴天爽朗，有浮云鳞然"；薄的叫做"沫"，"若绿钱浮于水湄，又如菊英堕于尊俎之中"；厚的叫做"饽"，"重华累沫，皤皤然若积雪耳"。为了衬托茶汤的颜色，《茶经·四之器》十分注重茶碗的色调对于增进茶汤色感的效用："越瓷类玉"，"越瓷类冰"，"越州瓷、岳瓷皆青，青则益茶，茶作白红之色"。这些是"色"的刺激。

"味"是茶饮活动的主角，《茶经》中所有的举措，可以说全是为了维护它至高无上的尊贵地位，《八之出》详细论述了山南等八个茶叶产地所产茶叶味道的高下。《四之器》谈到"釜"的设计特点是"脐长"。由于脐长，水便在锅中心沸腾，在锅中心沸腾，水沫容易上升，水沫容易上升，水味就醇美，水味醇美，也就必然保证了茶味的醇正。"夹"用小青竹制成，用它夹取茶饼在火上烤，同时，竹夹本身也会被烤出洁净且带香气的水来，这样就能"假其香洁以益茶味"。茶饼烤好后，还须趁热用纸袋包装储存，从而使茶的"精华之气无所散越"（《五之煮》）。在陆羽笔下，茶香已经成了一种利用气味来影响人类追求的艺术。而怎样最大程度地调动茶香，则是一种客观知识和主观创造思维密切配合的产物，是科学。科学与艺术的协调，结果

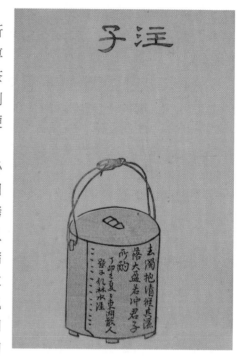

注子

便是造香，使饮茶的人在芬芳的气氛之中获得精神的净化和解脱。人们对中国茶道产生的好感，是由茶道美引发出来的，而对茶道美的认知，是由于感官接受了"声""色"与"味"的刺激产生快感之后开始的。这类事象，我们可以将其理解为"立于礼"的另一种人情导引。

茶道之礼，人道也。

6 ｜ 中国茶道的养生观念

中国茶道的养生思想是"保生尽年"。

《茶经·六之饮》叹曰："呜呼！天育万物，皆有至妙。"是以"饮之时义远矣哉"，这个"远"，就"远"在对养生尽年的作用上。《茶经》中的相关论述，到处可见。举其要者，如：

"荡昏寐，饮之以茶。"（《六之饮》）

"茶茗久服，令人有力，悦志。"（《七之事》）

"体中愦闷，常仰真茶。"（《七之事》）

"苦荼久服，羽化。"（《七之事》）

"荼茶轻身换骨。"（《七之事》）

"茗有饽，饮之宜人。"（《七之事》）

茶还能作为粮食。《七之事》载，茗荈似大米般精良。南朝永嘉年间，有高僧饮茶当饭。储光羲则有专门吟咏吃茗粥的《吃茗粥作》诗。

茶能解愁。《七之事》记载，有怨妇思念夫君，"待君竟不归，收颜今就槚"。

茶能洗尘心，除俗念。陆龟蒙《煮茶》有"倾余精爽健，忽似氛埃灭"句，钱起《与赵莒茶宴》有"尘心洗尽兴难尽"句；温庭筠《西陵道士茶歌》有"疏香皓齿有余味，更觉鹤心通杳冥"句；卢仝《走笔谢孟谏议寄新茶》更是有口皆碑的佳作，诗中畅言连饮七碗，竟有七种不同感受："一碗喉吻润，二碗破孤闷。三碗搜枯肠，惟有文字五千卷。四碗发轻汗，平生不平事，尽向毛孔散。五碗肌骨清，六碗通仙灵。七碗吃不得也，惟觉两腋习习清风生。"卢诗不但强调了茶饮有益身体健康，而且还能解愁破闷、除俗洗心以及帮助写作。王子尚去八公山拜谒昙济道人，道人设茶接待。子尚尝了茶汤，竟脱口惊呼："此甘露也，何言茶茗？"（《茶经·七之事》）杜牧《题茶山》诗云"茶称瑞草魁"，盛赞茶乃瑞草之首领。古人用甘露来象征活命之源，也为天下太平之瑞兆。由茶汤念及甘露与身安，由此可见茶饮对于保持心理平衡和克服心理失衡所起的积极效用。此种作用，的确与《周易》阴阳五行中关于宇宙通过自行调节永远趋于相对平衡的理论息息相关。茶道之于"保生尽年"，意义至巨。

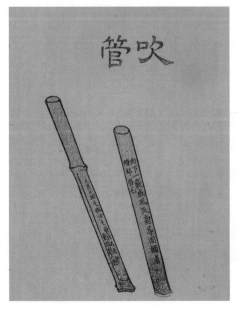

注子

中国茶道对于"保生尽年"的作用，另有一条"茶导引"的渠道。茶导引即"茶气功"。《周易·系辞上》云："一阴一阳之谓道。"意思是天地万物皆由气所聚，且凭借阴阳二气对立统一之矛盾运动而生，这就是"道"。广义而论，人是物，天地也物；气存在于天地，也存在于人。有气便有"场"。气场不论大小，都表现为能量的复杂运作过程和不同属性的感应关系。茶导引对于"保生尽年"的作用，便是根据如是认识而提出的。在这里，气已经成为茶道文化和审美意识的基因。

《周易》强调了天道循环往复的圆道运动，是万事万物运动的普遍规律。影响所及，遂形成气功学中的大、小周天的人体气机圆运动。茶导引过程中，气也作为中介，促成了个体发放之气的交感从而形成气场，使社会互动与自我调节得以同步实现，充分证实了大自然与人体都是一个密切联系的整体。可以这么说，茶引导直接地催发了"天人沟通"的人道追求。

综上所述，茶饮对于人类保生尽年的意义已明。随着人们对茶饮认识的不断深化，服务于养生的相对稳定的结构体系——中国茶道——便也形成。若想简括地掌握茶道养生的原理，则非借助太极图不可。

中国的太极图，源于《周易》。它以阴阳循环观念，体现出中国文化最具代表性的特点：圆道。以阴阳鱼表现了阴阳二气的不同交感状态。太极图中的"八卦"，则属万物八类归法系统，即所谓"八卦成列，象在其中"（《周易·系辞下》）。请莫忘记，《周易》之阴阳五行本来就是程式化的理论，再现天道规范之美。中国茶道包含医理，医含《易》理；茶道乃效法天地之道而明养生保健之真谛，是天地之道规范美的投影，亦是人道精神之折光。

太极图

7 | 中国茶道的人际关系内涵

中国茶道非常注重人际关系的"理解"与"沟通"。

《茶经》说茶事，颇突出理解与沟通的深远时义，《六之饮》所载最具典型性："夫珍鲜馥烈者，其碗数三。次之者，碗数五。若坐客数至五，行三碗；至七，行五碗。"用"珍鲜馥烈"者待客，寓"和"于香，动之以情，已经为彼此的沟通奠定基础。接着便是"行"茶汤。这里的"行"，有流动、传布的意思。《周易·乾·象》云"云行雨施"，《左传·僖公十三年》载"行道有福"，其中之"行"，均属此义。可知"行三碗"，含"三碗传饮"的意思。传饮，就是每碗茶都轮流着喝完。这应该说是一种强调沟通主题的非常特殊的饮茶法。颜真卿等《五言月夜啜茶联句》有"素瓷（指茶碗）传静夜"句可证。

与"传饮"有异曲同工之妙的，当数联句咏茶。唐代的颜真卿、陆士修（嘉兴县尉）、张荐（累官御史中丞）、李萼（历官庐州刺史）、崔万、昼（即释皎然）等六人曾一起品茗，并联合撰成《五言月夜啜茶联句》："泛花邀坐客，代饮引情言（士修）。醒酒宜华席，留僧想独园（荐）。不须攀月桂，何假树庭萱（萼）。御史秋风劲，尚书北斗尊（万）。流华净肌骨，疏瀹涤心原（真卿）。不似春醪醉，何辞绿菽繁（昼）。素瓷传静夜，芳气满闲轩（士修）。"联句之文字、意境，非得茶之真趣者不能言。这是得茶之真趣后的一种理解与沟通。

"传饮""联句"分别用"同品一碗茶""同吟一首诗"的流水作业方式，促进人与人之间的相互理解，成了茶事活动中名副其实的"灵犀"。

理解、沟通，是"人道"的重要内涵。

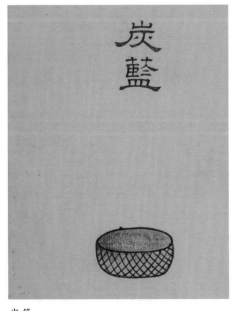

炭篮

灰炉

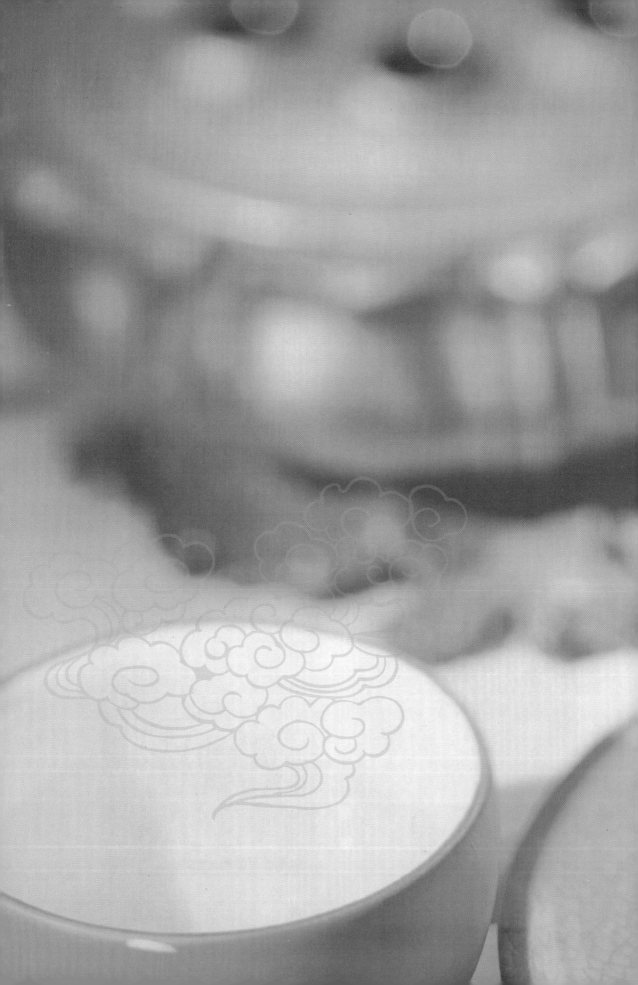

第六章
茶叶的冲泡

一
沏茶使用的器具

1 | 器具的分类

（1）煮水器

水壶（水注）。水壶用来烧开水，目前使用较多的有玻璃提梁壶、紫砂提梁壶和不锈钢壶。

茗炉。茗炉是用来烧泡茶开水的炉子。现代茶艺馆通常备有一种茗炉，炉身为金属制架或陶器，中间放置酒精灯，点燃后，将装好开水的水壶放在茗炉上，可保持水温，便于表演茶艺。

"随手泡"。"随手泡"是用电来烧水，加热开水的时间比较短，非常方便，在现代茶艺馆及家庭使用得最多。

开水壶。开水壶是在不需要现场煮沸水时使用的，一般同时备有热水瓶储备沸水。

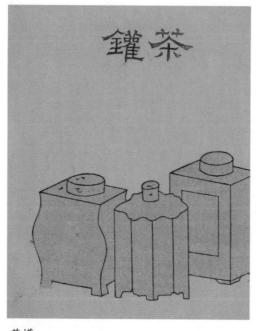

茶罐

（2）置茶器

茶则。则者，准则也。茶则用来衡量茶叶用量，确保投茶量准确。多为竹木制品，由茶叶罐中取茶放入壶中的器具。

茶匙。一种细长的小耙子，用来将茶叶由茶则拨入壶中。

茶漏（茶斗）。圆形小漏斗，当用小茶壶泡茶时，将其放置壶口，茶叶从中漏进壶中，以防茶叶撒到壶外。

茶荷。用来赏茶及量取茶叶的多少，在泡茶时一般用茶则代替。

茶罐。顾名思义，装茶叶的罐子，以陶器为佳，也有用金属或纸制作的。

这部分器具为必备性较强的用具，一般不应简化。

（3）理茶器

理茶器一般包括以下几部分。

茶夹。用来清洁杯具，或将茶渣从茶壶中夹出。

茶针。用来疏通茶壶的壶嘴，保持水流畅通。茶针有时和茶匙一体。

茶桨（簪）。用来刮去茶叶第一次冲泡时，表面浮起的泡沫。

（4）分茶器——茶海

茶海，包括茶盅、母杯、公道杯。茶杯中的茶汤冲泡完成后，就可将其倒入茶海。茶汤倒入茶海后，可依喝茶人数的多少分茶；当人数少时，将茶汤置于茶海中，可避免茶叶泡水太久而苦涩。

（5）盛茶器、品茗器

茶壶。茶壶主要用来泡茶，也有直接用小茶壶来泡茶和盛茶，独自啜酌饮的。

茶盏。茶盏一般由碗、盖、托三件套组成，多用陶器制作，也有少数用紫砂陶制作。在广东潮汕地区，多用茶盏作泡茶用具来冲泡工夫茶，通常一盏工夫茶，可供3~4人用小杯啜茶一巡。在江浙一带，以及我国西南、西北地区，又有用茶盏直接作泡茶和盛茶用具的，一人一盏，富有情趣。

紫砂茶壶与茶杯

品茗杯。品茗所用的小杯子。

闻香杯。这种杯的容积和品茗杯一样，但杯身比较高，容易聚香。

杯碟。杯碟又称杯托，用来放置闻香杯与品茗杯。

（6）涤茶器

茶船（茶洗）。茶船有陶、竹木及金属制品，是用来盛放茶壶的器具，当注入壶中的水溢出时，茶船可将水接住，避免弄湿桌面（上面为盘，下面为仓）。

茶盘。茶盘指用以盛放茶杯或其他茶具的盘子，向客人奉茶时使用，常用竹木制作而成，也有的用陶瓷制作而成。

茶巾。用来擦干茶杯或茶壶底部残留的水滴，也可用来擦拭清洁桌面。

容则。摆放茶则、茶夹、茶匙等器具的容器。

茶盂。茶盂主要用来贮放废水和茶渣，以及尝点心时废弃的果壳等物，多用陶瓷制作而成。

（7）其他器具

壶垫。纺织制品的垫子，用来隔开茶壶与茶船，避免因摩擦撞出声音。

温度计。用来判断水温的辅助器。

香炉。用来焚点香支，以此增加品茗的乐趣。

2 | 茶具的选配、清洁及保养

包金紫砂壶

（1）我国各地饮茶择具习俗

东北、华北一带，人们喜欢用较大的瓷壶泡茶，然后斟入瓷盅饮用；江浙一带，多用玻璃杯或有盖瓷杯直接泡饮；福建、广东饮乌龙茶，必须用一套特小的陶质或瓷质茶壶、茶盅泡饮，选用"烹茶四宝"——潮汕炉、玉书煨、孟臣罐、若琛瓯泡茶，以鉴赏茶的韵味；西南一带常用上有茶盖、下有茶托的盖碗饮茶，俗称"盖碗茶"；西北甘肃等地，喜欢饮"罐罐茶"——用陶质小罐在火上预热后，放进茶叶，冲入开水，然后再烧开饮用茶汁；蒙古族、藏族等少数民族，多以铝、铜等金属茶壶熬煮茶叶，煮出茶汁后再加入鲜奶、酥油，称"奶茶"或"酥油茶"。

（2）茶具选配因人而定

古往今来，茶具配置在很大程度上反映了人们的不同地位和身份。如陕西法门寺地宫出土的茶具表明，唐代皇宫选用金银茶具、琉璃茶具和秘色瓷茶具饮茶，而民间多用瓷器茶具和竹木茶具。相传，宋代大文豪苏东坡自己设计了一种提梁紫砂壶，至今仍为茶人推崇；清代慈禧太后对茶具更加挑剔，喜欢用白玉作杯，黄金作托的茶杯饮茶。现代人饮茶，对茶具的要求虽然没有如此严格，但也根据各自的习惯和文化底蕴，结合自己的眼光与欣赏力，选择自己最喜爱的茶具供使用。另外，不同性别、不同年龄、不同职业的人，对茶具要求也不一样。如男士爱用较大而素净的壶或杯泡茶，女士则爱用小巧精致的壶或杯冲茶。又如老年人讲究茶的韵味，注重茶的味和香，因此多用茶壶泡茶；年轻人以茶为友，要求茶香清味醇，重在品饮鉴赏，因此多用茶杯

冲铫茶水器具（一组）

冲茶。再如脑力劳动者，崇尚雅致的茶壶或茶杯细啜缓饮；体力劳动者推崇大杯或大碗，大口急饮，重在解渴。

（3）茶具选配因茶而定

中国民间，素有"老茶壶泡，嫩茶杯冲"之说。老茶用壶冲泡，一来可以保持热量，有利于茶汁的浸出；二来老茶缺乏欣赏价值，用杯泡，暴露无遗，用来敬客，既不雅观，又有失礼之嫌。而细嫩茶叶，用杯泡，一目了然，会使人产生一种美感，从而达到物质享受和精神欣赏"双丰收"的效果，正所谓"壶添品茗情趣，茶增壶艺价值"。

随着绿茶、红茶、乌龙茶、白茶、黄茶、黑茶等茶类的形成，人们对茶具的种类和色泽、式样和质地，以及厚薄、轻重和大小等提出了新的要求。一般来说，为保香可选用有盖的壶、杯或碗泡茶；饮乌龙茶，重在闻香啜味，宜用紫砂茶具泡茶；饮用工夫茶或红碎茶，可用紫砂壶或

瓷茶具

瓷壶冲泡，然后倒入白瓷杯中饮用；冲泡洞庭碧螺春、西湖龙井、黄山毛峰、君山银针、庐山云雾等细嫩名优茶，可用玻璃杯或白瓷杯冲泡。

但有一点需要注意，不论冲泡何种细嫩名优茶，杯子宜小不宜大。杯子大则水量多，热量大，会泡熟茶芽，使其不能直立，失去姿态，茶汤变色，产生熟汤味。

此外，冲泡绿茶、红茶、乌龙茶、黄茶、白茶，使用盖碗也是可取的，只是碗盖的选择应依茶而论。

（4）清洁工作

洁器雅具是茶艺的要素。茶为洁物，品饮为雅事，器具之洁当然不可忽视，因此，不论是泡茶前还是品饮茶后，都要清洁茶具。泡茶前应先将所有器具检查一遍，将壶杯器具洗烫干净，抹拭光亮备用，茶匙组合等器件也应抹拭一遍。饮茶结束后，要用布巾擦拭，泡饮用的茶壶、茶杯应先用清水，后用热水烫洗干净，拭干后收放起来，防止尘埃和残留水痕污染。

（5）注意洁壶养壶

不管是紫砂壶还是瓷壶都应注意不积污垢。

茶壶的保养俗称养壶，就是茶壶在长期的泡茶使用中，经过不断的清理擦拭，壶身原来的粗、燥、亮，逐渐呈现温润如古玉、光泽柔和敦厚的过程。养壶的目的在于使壶能更好地蕴香育味，进而焕发浑朴的光泽和保持油润的手感。

新壶的保养。在使用新壶前，先用洁净无异味的锅盛上清水，然后抓一把茶叶，连同紫砂壶放入锅中煮沸后，继续用文火煮上0.5~1小时。需要注意的是，锅中茶汤容量要高于壶面，以防茶壶烧裂。或者等茶汤煮沸后熄火，将新壶放在茶汤中浸泡2小时，然后取出茶壶，让其在通风、干燥而又无异味的地方自然晾干。用这种方法养壶，不仅可除去壶中的土味，还有利于壶的滋养。

旧壶的保养。在泡茶前，先用沸水冲烫一下茶壶；饮完茶后，及时将茶渣倒掉，并用热水涤去残汤，保持壶内的清洁。

茶垢处理。无论是茶壶还是茶杯，尽量不要让其内壁积垢，茶垢中含有多种金属物质，会对人的营养吸收、消化乃至脏器造成不良影响。

归纳起来，洁壶养壶第一步就是要经常泡茶使用，第二步是洗涤壶身，第三步是常常擦拭壶身，这样才能焕发出壶本身泥质的光泽。

3 | 选件好茶壶从何处入手

（1）茶壶的选择

一件茶壶的内涵主要具备完美的形象结构、精湛的制作技艺、优良的实用功能三个主要因素。形象结构是指壶的嘴、錾、盖、纽、脚，应与壶身整体比例协调；优良的实用功能，指重量和容积的恰当，壶錾、执握、壶的周围合缝，壶嘴出水流畅，同时也要考虑色地和图案的脱俗与和谐。

（2）茶壶的造型结构

茶壶的三要素：壶嘴、壶把、壶身。壶嘴（出水口）、壶把、壶纽必须成一直线，换而言之，就是三点要对直成一直线（少数特殊造型除外）。

一体成型感。各部分组合比例应力求匀称，同时要展现出落落大方的空间感。壶把与壶身、壶嘴与壶身的连接部位要处理得没有任何破绽，看起来很自然，宛如一体成型般。

（3）选好茶壶的要领

茶壶的外观。市面上推出的茶壶形式很多，或高或矮或圆或扁，或瓜果形状或几何形状。然而，每个人都有自己的审美观点，因此，所谓的美并没有一定的标准可言，只要外观与造型自己看着舒服就行，没必要强求时尚。

茶壶的品质。这主要看茶壶的胎骨，以及与茶壶色、泽和茶的汤色相协调。胎骨坚，色泽润者当为上品。一般来说，手拉坯壶较为粗糙，挖塑壶会留下刀刻痕迹，灌浆壶则会有模痕。胎骨坚与否，一般以轻拨壶盖，听其壶声，以有铮铛轻扬声者为佳。声音较清脆铿锵的壶，较适合泡发酵、香气高的茶；声音较混浊迟钝的壶，则适合泡重发酵、韵味低沉的茶。辨别壶声的方法是：将茶壶平放左手手掌上，以右手食指轻弹壶身。

茶壶的出水。茶壶出水效果的好坏，与壶嘴的设计有关。一般要求倾壶倒水，出水需急、圆、长，壶里滴水不留为上。至于壶嘴出水是曲是直，是柔是刚，与品茶者的爱好有关，还要与茶的冲泡要求相结合。

茶壶的精度。茶壶的精度指壶盖与壶身的紧密程度。总地来说，精密程度越高越好，其检验方法：将茶壶注满水，正面用手指压住壶盖纽上的气孔，轻轻倒转茶壶，使壶身呈水平状，手慢慢脱离壶盖，如果壶盖不落，则表示这把茶壶的精密度高。

茶壶的重心。选择茶壶时，还应注意茶壶的重心是否稳定。测量茶壶的重心是否稳定的方法：在壶内装满大半壶水，用手提起茶壶，缓缓倒水，如果感觉很顺手，就表示该壶重心适中、稳定，是一把好壶；如果提壶需要用力紧握壶把，才得以平稳，则表示此壶的重心位置不对。除重心要稳之外，左右也要匀称。

另外，拿起壶盖时壶口要圆、要平。壶是否有杂味、异味等，这些都要在选购时加以考虑。

紫砂茶具

二 茶叶的冲泡

1 | 泡茶要素

茶叶中的化学成分是组成茶叶色、香、味的物质基础，其中大多数能在冲泡过程中溶解于水，从而形成茶汤的色泽、香气和滋味。泡茶时，应根据不同茶类的特点，调整茶叶的用量、水的温度和浸润时间，从而使茶的香味、色泽、滋味得以充分发挥。归纳起来，泡好一壶茶主要有茶水比例、冲泡水温、冲泡时间、冲泡次数四大要素。

（1）茶水比例

茶叶用量应根据不同的茶叶等级、不同的茶具而有所区别，一般来说，细嫩的茶叶用量要多些；较粗老的茶叶，用量可少些，即所谓"细茶粗吃，粗茶细吃"。

普通的绿、红茶类（包括花茶），茶与水的比例，可掌握在1克茶冲泡50～60毫升水。如果是200毫升的杯（壶），那么放上3克左右的茶叶就可以了。如果饮用云南普洱茶，则需放5～8克茶叶。

乌龙茶因习惯浓饮，注重闻香和品味，因此要汤少味浓，用茶量以茶叶与茶壶比例来确定，投茶量是茶壶容积的1/3～1/2。广东潮汕地区，投茶量达到茶壶容积的1/2～2/3。茶、水的用量还与饮茶者的性别、年龄有关，一般而言，男性比女性爱饮浓茶，中老年人比年轻人爱饮浓茶。此外，如果饮茶者是体力劳动者，一般可以适量加大茶叶量；如果饮茶者是脑力劳动者，可以适量少放一些茶叶。

（2）冲泡水温

据测定，用60％的开水冲泡茶叶，与等量100％的水冲泡茶叶相比，在用茶量和时间相同的情况下，茶汤中的茶汁浸出物含量，前者只有后者的45％～65％。这说明，冲泡茶的水温高，茶汁浸出容易；冲泡茶的水温低，茶汁浸出速度慢。"冷水泡茶慢慢浓"，说的就是这个道理。

泡茶的茶水一般以落开的沸水为好，这时的水温在85℃左右。水温过高会破坏茶叶中的维生素C等成分，而茶多酚、咖啡碱很快浸出，会使茶味变苦涩；水温过低则茶叶浮而不沉，内含的有效成分浸泡不出来，茶汤淡而无味，不醇不香。

紫砂壶及茶杯

泡茶水温的高低，还与茶的松紧、老嫩、大小有关。一般来说，原料紧实、粗老、整叶的茶叶，茶汁浸出要比原料松散、细嫩、碎叶的茶叶慢得多，因此，冲泡水温要高。

水温的高低，还与冲泡的茶的品种花色有关。具体说来，高级细嫩名茶，尤其是高档的名绿茶，冲泡时水温为80℃～85℃。只有这样泡出来的茶才会汤色清澈不浑，滋味鲜爽而不熟，香气纯正而不钝，叶底明亮不暗，使人饮之可口，视之动情。如果水温过高，汤色就会变黄；维生素遭到大量破坏，营养价值降低；茶芽因"泡熟"而不能直立，失去欣赏性；茶多酚、咖啡碱很快浸出，使茶汤产生苦涩味，这就是茶人常说的把茶"烫熟"了。反之，如果水温过低，茶叶会浮在表面，茶中的有效成分很难浸出，从而导致茶味淡薄，同样会降低饮茶的功效。

冲泡普洱茶、乌龙茶和沱茶等特种茶，因为原料并不细嫩，再加上用茶量较大，所以，须用刚沸腾的100℃水冲泡。特别是乌龙茶，为了保持和提高水温，在冲泡前，要用滚开水烫热茶具；冲泡后用滚开水淋壶加温，这样做的目的是增加温度，使茶香充分发挥出来。

大多数绿茶、红茶和花茶，因为茶叶原料老嫩适中，故可用约90℃的开水冲泡。至于边疆民族喝的紧压茶，要先将茶捣碎成小块，再放入锅或壶内煎煮，才供人饮用。

判断水的温度可先用温度计和计时器测量，等掌握之后就可凭经验来判断了。当然，所有的泡茶用水都得煮开。

（3）冲泡时间

茶叶冲泡时间差异很大，这与茶叶种类、用茶数量、泡茶水温和饮茶习惯等有关。

如用茶杯泡饮普通绿、红茶，每杯放干茶3克左右，用沸水150～200毫升，为避免茶香散失，冲泡时宜加杯盖，时间以3～5分钟为宜。时间太短，茶汤色浅淡；时间过长，会增加茶汤涩味，香味也易丧失。不过，新采制的绿茶冲水可不加杯盖，这样汤色更艳。另外用茶量多的，冲泡时间宜短，反之则宜长；质量好的茶，冲泡时间宜短，反之则宜长。

茶的滋味是随着冲泡时间延长而逐渐增浓的。据测定，用沸水泡茶，首先浸出来的是咖啡碱、氨基酸、维生素等，大约到3分钟时，含量较高。这时饮起来，茶汤有鲜爽醇和之感，但缺少饮茶者需要的刺激味。以后，随着时间的延长，茶多酚浸出物含量逐渐增加。因此，要想喝鲜爽甘醇的茶汤，对大宗绿、红茶而言，头泡茶以冲泡后3分钟左右饮用为佳，若还想再饮，到杯中剩有1/3茶汤时，再续开水，以此类推。

对于注重香气的花茶、乌龙茶，泡茶时为了避免茶香散失，需要注意两点：要加盖；冲泡时间不宜长，一般2～3分钟即可。因为泡乌龙茶时用茶量较大，因此，第一泡1分钟就可将茶汤倾入杯中，从第二泡开始，每次应比前一泡增加15秒左右，这样茶汤浓度不会相差太大。

白茶冲泡时，要求沸水的温度在70℃左右，一般在4～5分钟后，浮在水面的茶叶才开始缓缓下沉。这时，品茶者应以欣赏为主，观茶形，察沉浮，从不同的茶姿、颜色中使自己的身心得到愉悦，到10分钟左右，方可品饮茶汤。否则，不但失去了品茶艺术的享受，而且饮起来淡而无味。这是因为白茶加工未经揉捻，细胞未曾破碎，所以茶汁浸出困难，以至于浸泡时间须相对延长，同时只能重泡一次。

另外，冲泡时间还与茶叶老嫩和茶的形态有关。一般而言，原料细嫩，茶叶松散的，冲泡时间可相对缩短；相反，原料较粗老、茶叶紧实的，冲泡时间可相对延长。总之，冲泡时间的长短，最终还是以饮茶者的口味来确定为好。

（4）冲泡次数

据测定，茶叶中各种有效成分的浸出率是不同的，最容易浸出的是氨基酸、维生素C，其次是咖啡碱、茶多酚、可溶性糖等。大致来说，茶冲泡第一次时，茶中的可溶性物质能浸出50%～55%；冲泡第二次时，能浸出约30%；冲泡第三次时，能浸出10%左右；冲泡第四次时，只能浸出2%～3%，几乎是白开水了。所以，通常以冲泡三次为宜。

如果饮用颗粒细小、揉捻充分的绿碎茶和红碎茶，一般冲泡一次就将茶渣滤出，不再重泡，因为这类茶的内含成分很容易被沸水浸出。速溶茶，也是采用一次冲泡法。条形绿茶如眉茶、花茶，一般只能冲泡2～3次。工夫红茶可冲泡2～3次。黄茶和白茶，一般也只能冲泡1次，最多2次。品饮乌龙茶，在用茶量较多时（约半壶）的情况下，可连续冲泡4～6次，甚至更多。

2 ｜ 泡茶用水的选择

"水为茶之母，器为茶之父。""龙井茶""虎跑水"被称为"杭州双绝"，可见泡茶用水对茶的冲泡及效果起着非常重要的作用。水是茶叶内含有益成分和滋味的载体，茶的各种营养保健物质和色、香、味，都要溶于水后才能供人享用。而且水能直接影响茶质，清人张大复在《梅花草堂笔谈》中说："茶情必发于水，八分之茶，遇十分之水，茶亦十分矣；八分之水，试十分之茶，茶只八分耳。"因此，好茶必须配好水。

（1）自来水

自来水水源一般来自江、河、湖泊，是最常见的生活饮用水，属于加工处理后的天然水，为暂时硬水。因其含有用来消毒的氯气等，氯化物与茶中的多酚类作用会使茶汤表面形成一层"锈油"，喝起来有苦涩味。若在水管中滞留较久，还会含有较多的铁质。当水中的铁离子含量超过万分之五时，茶汤会呈褐色。所以，用自来水沏茶，最好用无污染的容器将水先储存两天左右，等到氯气散发后再煮沸沏茶，或者采用净水器将水净化，这样就是较好的沏茶用水。

（2）纯净水

纯净水是太空水、蒸馏水的合称，是一种安全无害的软水。纯净水是以符合生活饮用水卫生标准的水为水源，采用蒸馏法、逆渗透法、电解法及其他适当的加工方法制得，纯度很高，不含任何添加物，可直接饮用。用纯净水泡茶，茶汤晶莹透彻，香气滋味纯正，无异杂味，鲜醇爽口。市面上的纯净水品牌很多，多数都适合泡茶，且效果不错。

（3）矿泉水

我国对饮用天然矿泉水的定义是：从地下深处自然涌出的或经人工开发的、未受污染的地下矿泉水，含有一定量的矿物盐、微量元素或二氧化碳气体，在通常情况下，其化学成分、流量、水温等动态指标在天然波动范围内相对稳定。矿泉水与纯净水相比，含有丰富的锌、硒、碘等多种微量元素。饮用矿泉水有助于人体对这些微量元素的摄入，并调节肌体的酸碱平衡。但饮用矿泉水应因人而异。

矿泉水的产地不同，其所含的微量元素和矿物质成分也不一样。不少矿泉水含有较多的镁、钙、钠等金属离子，是永久性硬水，虽然水中营养物质丰富，但并不适宜泡茶。

（4）活性水

活性水包括矿化水、磁化水、离子水、高氧水、生态水、自然回归水等品种。这些水均以自来水为水源，一般经过滤、精制和杀菌、消毒处理制成，具有特定的活性功能，并且有相应的渗透性、扩散性、溶解性、排毒性、代谢性、富氧化和营养性功效。因为各种活性水内含矿物质成分和微量元素各异，如果水质较硬，泡出的茶水品质较差；如果属于暂时硬水，泡出的茶水品质较好。

（5）净化水

净化水通过净化器对自来水进行二次终端过滤处理制得，净化原理和处理工艺一般包括粗滤、活性炭吸附和薄膜过滤三级系统，能有效地清除自来水管网中的红虫、悬浮物、铁锈等成分，降低浊度，达到国家饮用水卫生标准。但是，净水器中的粗滤装置要经常清洗，活性炭也要经常更换，否则时间久了，净水器内胆易堆积污物，繁殖细菌，形成二次污染。净化水是经济实惠的优质饮用水，用其泡茶，茶汤品质良好。

（6）天然水

　　天然水包括河、江、泉、湖、井及雨水。用这些天然水泡茶应注意环境、水源、气候等因素，判断其洁净程度。在天然水中，泉水杂质少、污染少，透明度高，是泡茶最理想的水，虽属暂时硬水，加热后，呈酸性碳酸盐状态的矿物质被分解，释放出碳酸气，口感非常微妙。泉水煮茶，甘冽清芬俱备。然而，并不是所有的泉水都是优质的，有些泉水含有硫黄，不能饮用。

　　井水属地下水，悬浮物含量少，透明度较高。但它大多为浅层地下水，尤其是城市井水，容易受周围环境污染，用来沏茶，有损茶味。所以，若能汲得活水井的水沏茶，同样也能泡得一杯好茶。唐代陆羽《茶经》中说的"井取汲多者"，明代陆树声《煎茶七类》中讲的"井取多汲者，汲多则水活"，说的就是这个意思。现代工业的发展导致环境污染，江、河、湖水大多含杂质较高，混浊度较高，泡茶喝有害无益。

澜沧江

附录：清代茶叶外销图

垦荒

种茶

采青

揉捻

收茶

准备贮茶容器

灌装

运输

准备运装箱

装茶海运

计重

庆丰收